Kinder entdecken …

Die Welt der Technik

TIME LIFE KINDER-BIBLIOTHEK

Inhalt

Warum springt ein Gummiball hoch? 4
Warum können Luftballons in den Himmel fliegen? 6
Warum rollt ein Jo-Jo auf und ab? 8
Warum dreht sich ein Kreisel? 10
Warum dreht sich ein Windrad? 12
Warum schaukelt ein Balance-Spielzeug? 14
Wie schneidet eine Schere? 16
Wie funktioniert eine Wasserpistole? 18
Wie entsteht ein Feuerwerk? 20
Warum sieht man die Gegenstände im Spiegel seitenverkehrt? 22
Wie funktioniert ein Fotoapparat? 24
Wie funktioniert ein Fotokopiergerät? 26
Wie funktioniert ein Tonbandgerät? 28
Wie funktioniert ein Radio? 30
Wie funktioniert eine Spieldose? 32
Wodurch schnellt ein fertiger Toast nach oben? 34
Wie funktioniert ein Mikrowellenherd? 36
Wie funktioniert ein Staubsauger? 38
Wie mißt ein Thermometer die Temperatur? 40
Warum sieht man auf einer Röntgenaufnahme nur die Knochen? 42
Wie funktioniert eine Taschenlampe? 44

Wie erzeugt eine Batterie Strom? 46
Wie funktioniert eine Fahrradlampe? 48
Warum leuchten manche Zifferblätter im Dunkeln? 50
Warum flackern Leuchtstofflampen beim Einschalten? 52
Warum ist eine Leuchtreklame bunt? 54
Wie funktioniert eine Rolltreppe? 56
Warum fahren wir beim Rudern rückwärts? 58
Wie funktioniert ein Automotor? 60
Warum hat ein Schaufelbagger soviel Kraft? 62
Warum kann ein Kran so schwere Dinge heben? 64
Wie funktionieren die Bremsen bei einem Zug? 66
Was passiert mit alten Autos? 68
Wie kann man mit Radar die Position eines Flugzeugs ermitteln? 70
Steht ein Wettersatellit wirklich still? 72
Warum werden Staudämme gebaut? 74
Wie mißt man die Stärke von Erdbeben? 76
Welche Dinge siehst du hier? 78
Und was siehst du hier? 80

Mitwachsendes Album 81

Warum springt ein Gummiball hoch?

Antwort

Wenn ein Gummiball gegen eine harte Fläche prallt, verformt er sich etwas, so daß die Luft in seinem Innern zusammengedrückt wird. Die Luft versucht nun, sich wieder auszudehnen und das Gummi in seine ursprüngliche Form zu bringen. Dadurch springt der Ball.

Wie ein Ball springt

Wenn er prall mit Luft gefüllt ist

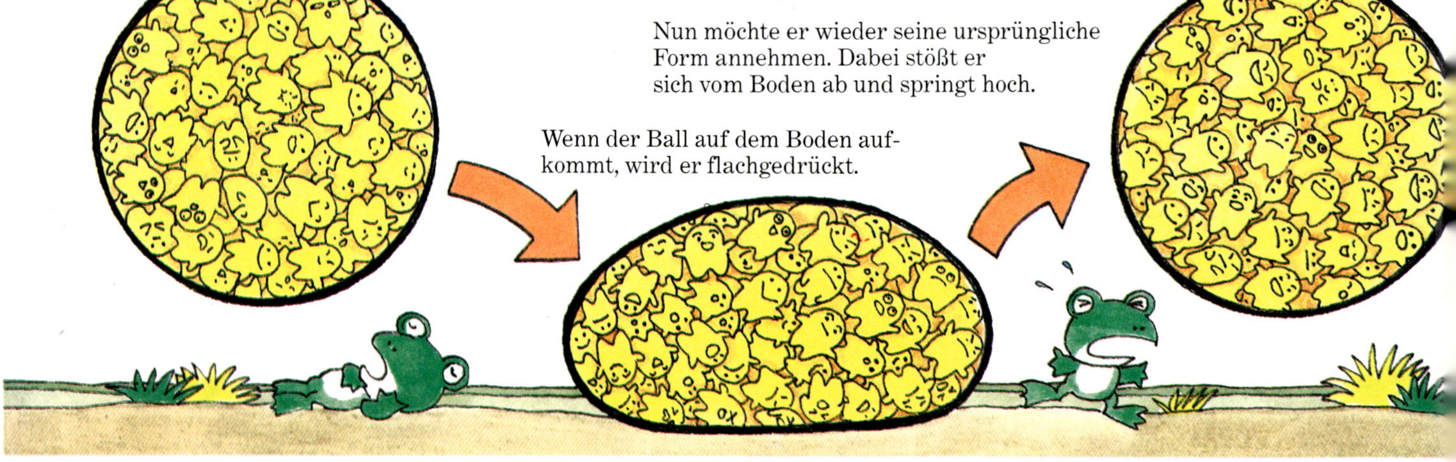

Verschiedene Bälle

Es gibt verschiedene Ballsportarten. Form und Größe des Balls hängen von der jeweiligen Sportart ab. Meist ist der Ball mit Luft gefüllt, damit er besser springt. Die meisten Bälle sind rund, ausgenommen die für Rugby und Amerikanischen Fußball, die eine längliche Form haben.

Wenn er zuwenig Luft enthält

Ist der Ball nicht prall mit Luft gefüllt, hat er nicht genug Kraft, um sich vom Boden abzustoßen. Deshalb springt er nicht richtig hoch.

Für die Eltern

Des Bestreben eines Gegenstandes oder einer Substanz, nach erfolgter Druckeinwirkung von außen wieder in die ursprüngliche Form zurückzukehren, wird als Elastizität bezeichnet. Bei einem Gummiball ist das Material an sich schon etwas elastisch, doch daß der Ball hochspringt, liegt hauptsächlich an dem Druck, den die Luft in seinem Innern ausübt. Wer einmal versucht hat, einen unzureichend aufgepumpten Ball zum Springen zu bringen, weiß das. Und er wird auch bemerkt haben, daß ein Ball im Laufe der Zeit Luft verliert.

Warum können Luftballons in den Himmel fliegen?

Antwort Manchmal sind Luftballons mit einem sehr leichten Gas, dem sogenannten Helium, gefüllt. Dadurch sind sie leichter als die Luft, die sie umgibt, und können in den Himmel aufsteigen.

Das Gummi, aus dem Luftballons gemacht werden, hat Löcher, die so winzig sind, daß du sie nicht sehen kannst. Durch sie entweicht das Gas nach und nach, bis der Ballon leer ist.

Der Ballon wird aus einer Gasflasche mit Helium gefüllt. Anschließend wird seine Öffnung verschlossen.

Was ist leichter?

Beide sind leichter als Wasser

Sogar normale Luft ist leichter als Wasser, deshalb taucht ein Wasserball, den du unter Wasser drückst, auch schnell wieder auf.

Für die Eltern

Wasserstoff ist das leichteste Gas in der Atmosphäre. Es wird für Luftballons jedoch normalerweise nicht verwendet, da es sich leicht entzündet. Helium ist zwar schwerer als Wasserstoff, aber immer noch siebenmal leichter als Luft; außerdem ist es nicht entflammbar und daher sicherer. Läßt man einen mit Helium gefüllten Ballon in einem geschlossenen Raum steigen, fliegt er zur Decke und bleibt dort zunächst. Da das Gas langsam durch die Poren des Gummis entweicht, wird das Gewicht des Ballons allmählich größer als die Tragfähigkeit der Luft, und er schwebt langsam nach unten.

Warum rollt ein Jo-Jo auf und ab?

Antwort Läßt du das Jo-Jo los, wird es durch sein Eigengewicht nach unten gezogen. Es dreht sich, und die um seine Achse gewickelte Schnur entrollt sich. Ist die Schnur ganz abgelaufen, dreht sich das Jo-Jo weiter. Die Schnur wickelt sich wieder auf und zieht das Jo-Jo wieder nach oben. Und wenn du mit einem kleinen Ruck nachhilfst, läuft es wieder ganz bis zu deiner Hand hinauf.

Einfaches Jo-Jo

Die Schnur ist an der Mittelachse befestigt.

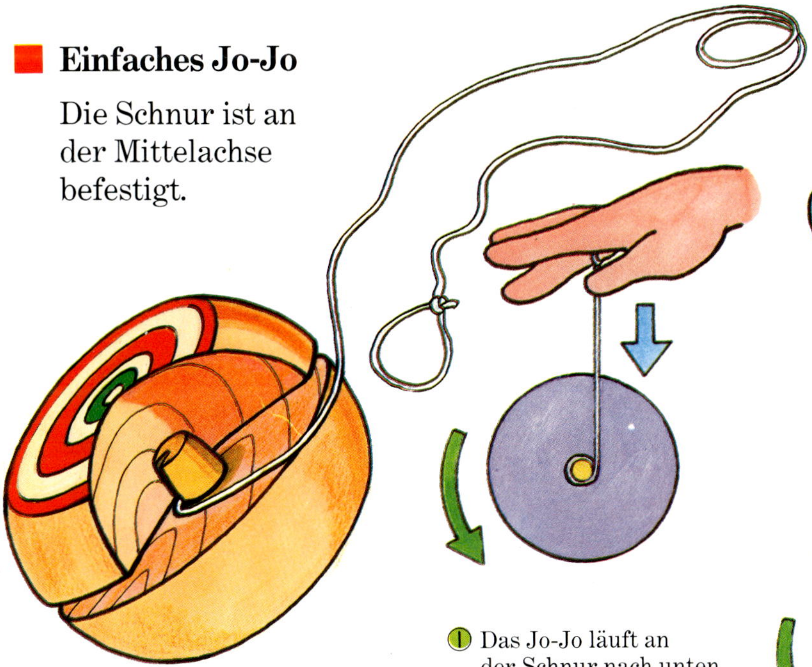

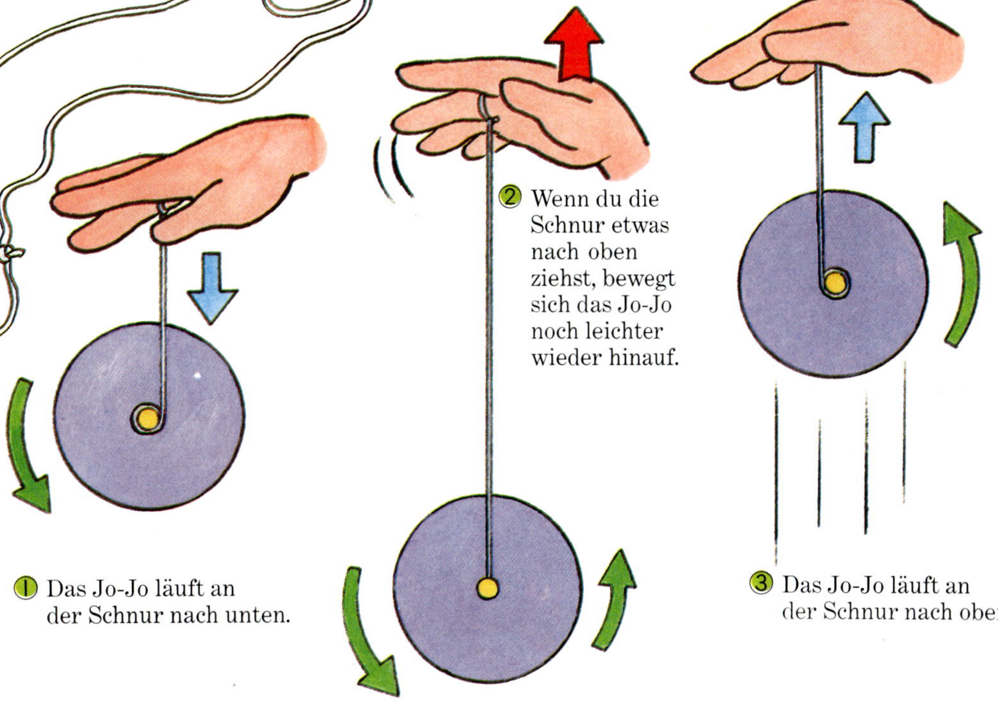

Freilaufendes Jo-Jo

Bei diesem Jo-Jo ist die Schnur nur lose an der Achse befestigt. Es ist daher etwas schwieriger zu handhaben.

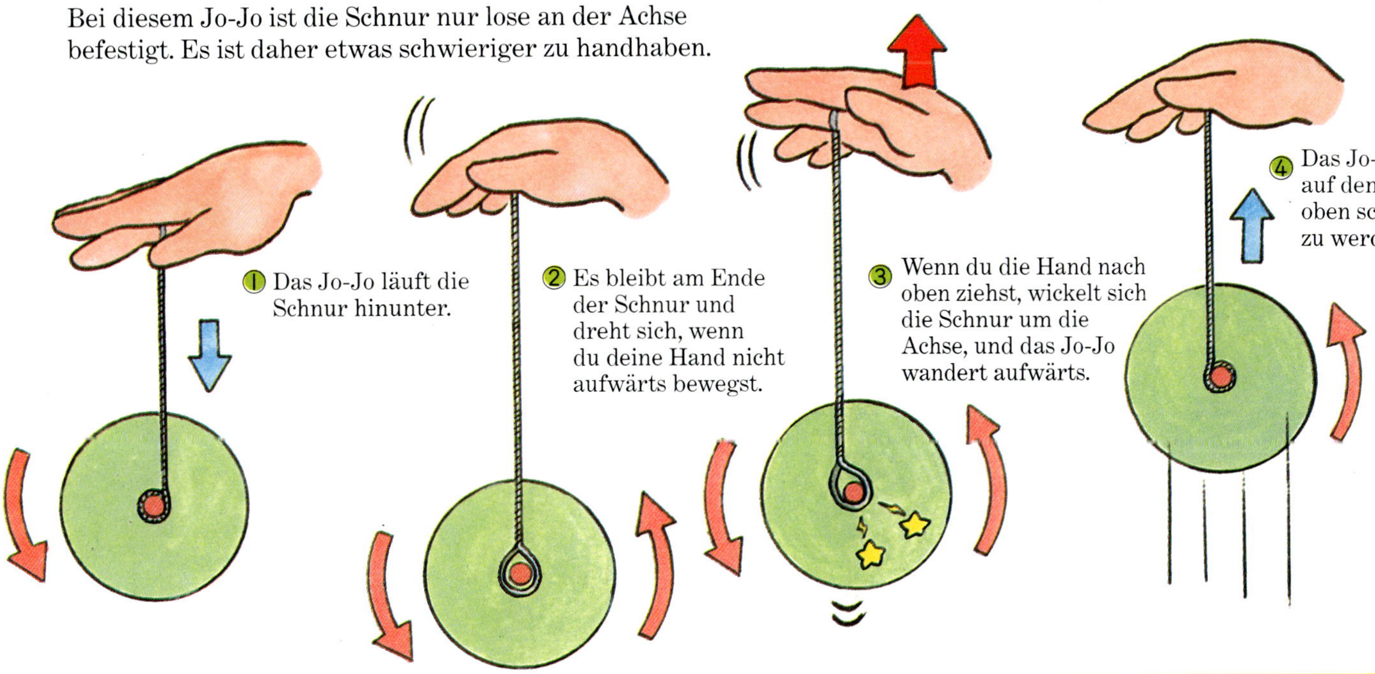

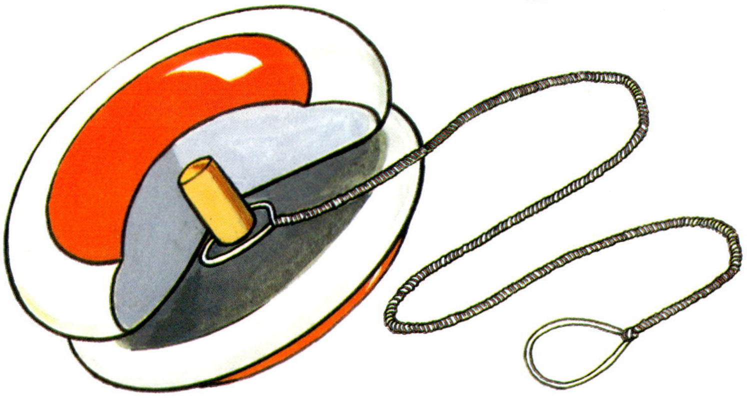

● Für die Eltern

Jo-Jo ist ein Spiel, das unter seinem ungewöhnlichen Namen von den Philippinen zunächst in die USA kam. Es gibt zwei Arten von Jo-Jos. Bei der einfacheren ist die Schnur fest mit der Achse verbunden, bei der anderen ist sie nur lose an der Achse befestigt. Diese Art ist zwar schwieriger zu erlernen, eignet sich aber für verschiedene Tricks und Geschicklichkeitsübungen. Einige ausgefallene Jo-Jo-Modelle sind mit schillernden Farben und Straßsteinchen dekoriert. Jo-Jo wird in einigen Ländern nicht nur von Kindern, sondern auch von Erwachsenen gespielt; sie gehören Jo-Jo-Clubs an und nehmen an Wettkämpfen teil.

Warum dreht sich ein Kreisel?

Antwort Einige Gegenstände drehen sich für eine Weile, wenn man sie in Schwung versetzt hat. Ein Kreisel tut dies aufgrund seiner Form. Er dreht sich sehr lange, bis er langsamer wird und umfällt.

Versuch's mal

Schneide aus einem Stück Pappe verschiedene Formen aus. Stecke einen spitzen Bleistift hindurch und finde heraus, welche Formen die besten Kreisel ergeben, wenn du sie drehst. Was passiert, wenn du die Form nach oben oder unten schiebst? Probier's einmal aus.

Wickle eine Schnur um den Kreisel und ziehe fest daran, so daß sich der Kreisel dreht.

Solange der Kreisel sich schnell dreht, steht er senkrecht und fällt nicht um.

Wenn der Kreisel langsamer wird, beginnt er sich hin und her zu neigen, bis er umkippt.

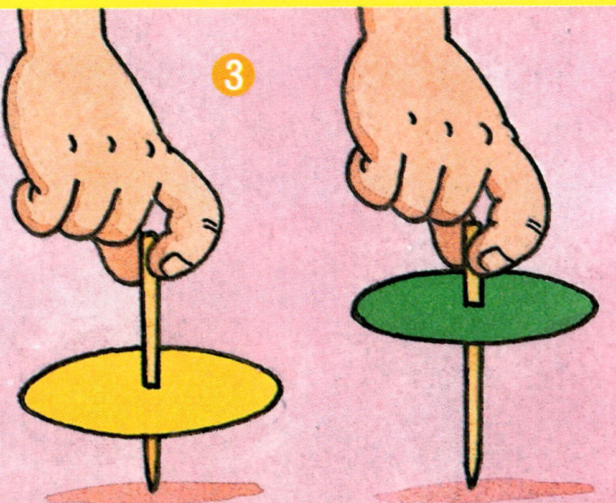

Für die Eltern

Kreisel gibt es seit vielen Jahrhunderten in zahlreichen Kulturkreisen, und Kinder wie Erwachsene haben ihre Freude daran. Mit einiger Übung kann man einen Kreisel dazu bringen, daß er auf einer Schnur entlangwandert oder sich nahezu auf der Stelle dreht. Auch Münzen oder andere Gegenstände können wie ein Kreisel gedreht werden, so daß sie für eine Weile senkrecht stehen. Das physikalische Gesetz, das dies ermöglicht, ist das Trägheitsgesetz. Ein Kreisel muß folgende Voraussetzungen erfüllen: Er muß schwer und vollkommen symmetrisch sein und in eine hohe Drehgeschwindigkeit versetzt werden. Solange der Kreisel sich schnell dreht, ist er stabil. Läßt seine Drehgeschwindigkeit allmählich nach, beginnt er, sich unter dem Einfluß der Schwerkraft zur Seite zu neigen. Je langsamer er wird, desto stärker schwankt er, bis er schließlich umfällt.

Warum dreht sich ein Windrad?

Antwort

Ein Windrad dreht sich, wenn der Wind gegen seine Flügel bläst. Aufgrund ihrer Form können die Flügel den Wind gut einfangen. Du kannst sehen, wie der Wind gegen die Flügel bläst, so daß sich das Windrad immer schneller dreht.

■ Wie der Wind das Windrad antreibt

Verschiedene Windräder

Versuch's mal

Bau dir ein Windrad

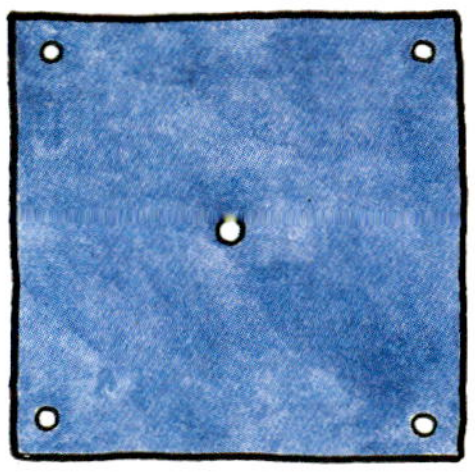

Mache in die Mitte und in jede Ecke eines Papiervierecks ein Loch.

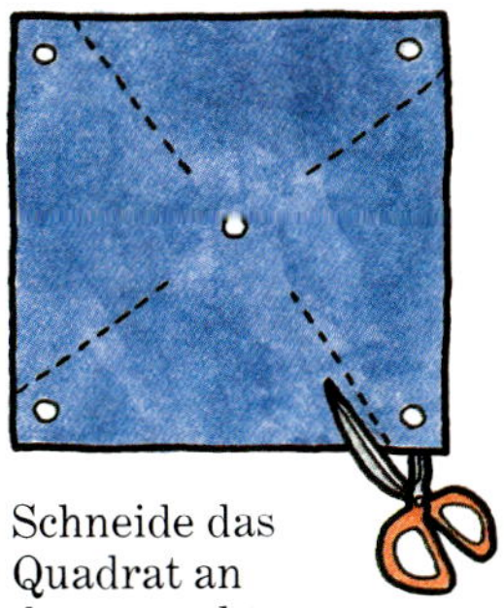

Schneide das Quadrat an der gepunkteten Linie ein.

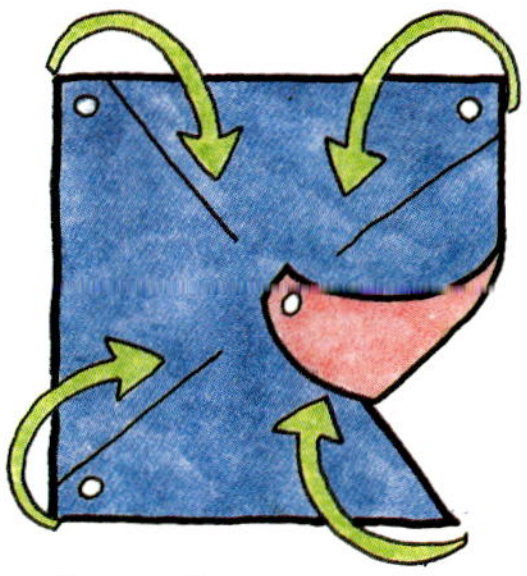

Lege die gelochten Ecken auf das Loch in der Mitte.

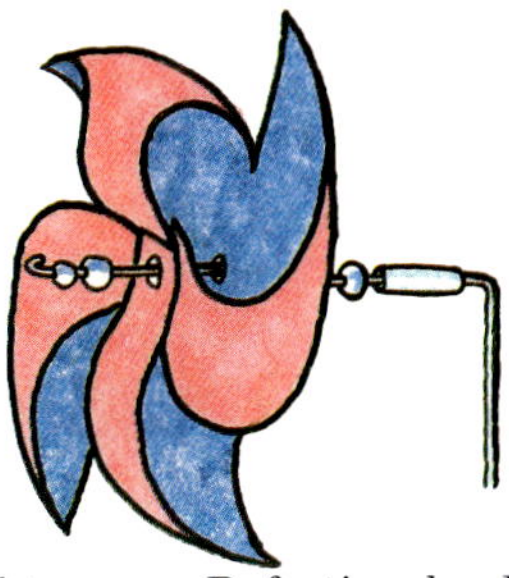

Stecke einen Draht durch die Löcher.

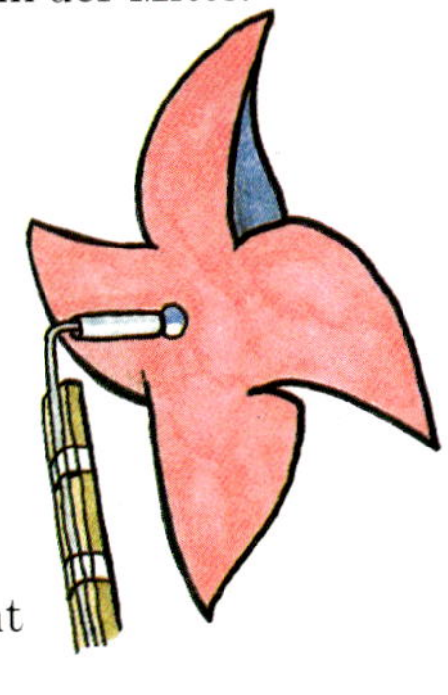

Befestige den Draht an einem Stock.

Auch sie gehören dazu

▲ **Windmühle**

Die Räder der Windmühle werden durch Windkraft angetrieben, und wenn sie sich drehen, pumpen sie Wasser oder mahlen Korn.

▲ **Windkraftanlage**

Wenn der Wind die Flügel antreibt, wird Elektrizität erzeugt.

• Für die Eltern

Das Windrad ist ein jahrhundertealtes Spielzeug, das in vielen Ländern anzutreffen ist. Seine Flügel werden durch Windkraft angetrieben – genauso wie bei den Windmühlen oder den Windkraftanlagen, die elektrischen Strom erzeugen. In den Niederlanden und anderen europäischen Ländern wurden Windmühlen früher zur Wasserförderung und zum Kornmahlen verwendet. Sie sind zum Teil heute noch in Betrieb.

Warum schaukelt ein Balance-Spielzeug?

Antwort Das Spielzeug schaukelt, weil es sich auf die Lage hinbewegt, in der es sich vollkommen im Gleichgewicht befindet. Sobald es diese Lage erreicht hat, hört es auf zu schaukeln.

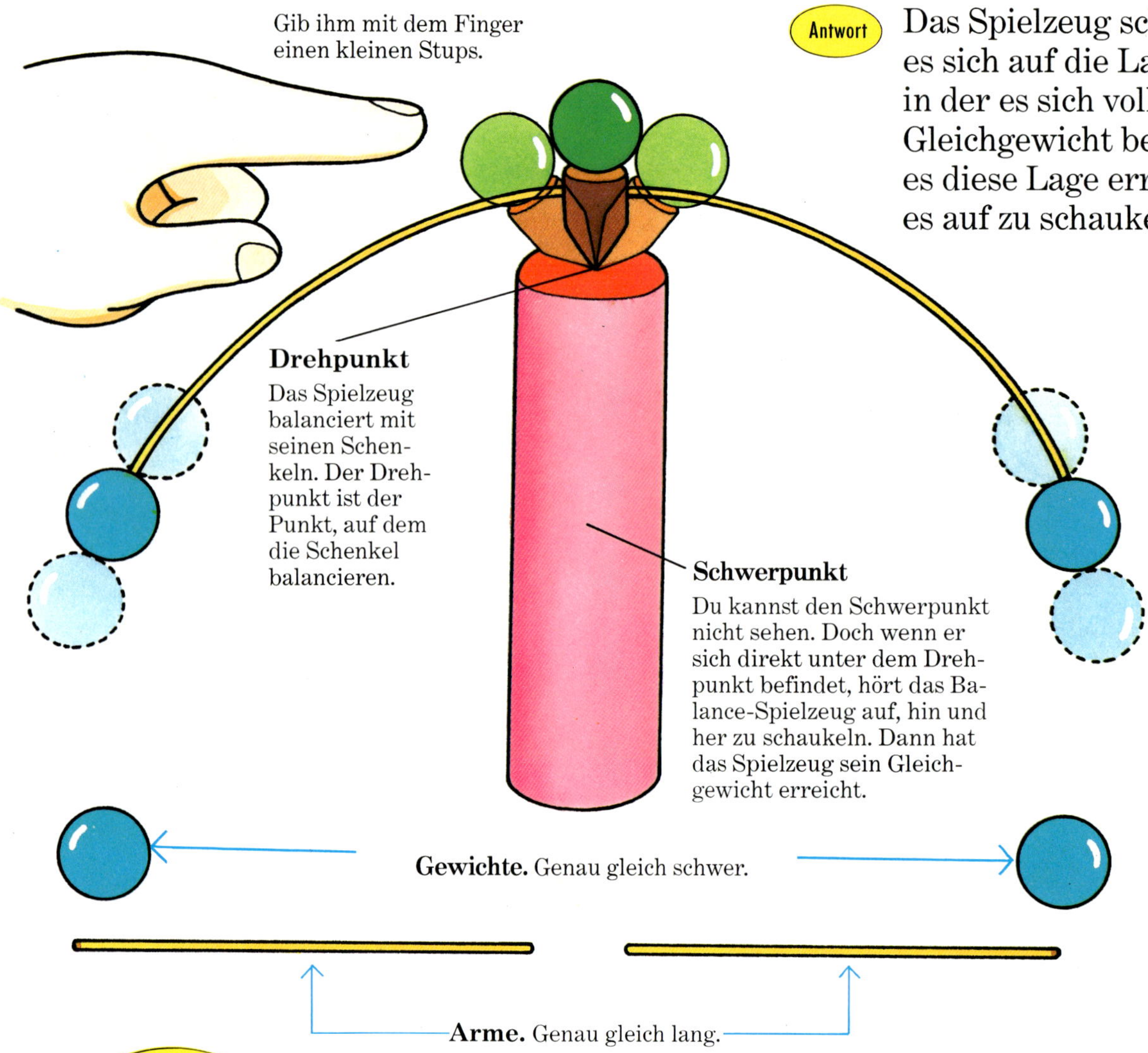

Denk dir den Drehpunkt hier.

Versuch's mal

Bastel dir ein Balance-Spielzeug

① **Du brauchst:**
3 Eicheln, 2 Holzstäbchen, einen Dorn, Klebstoff

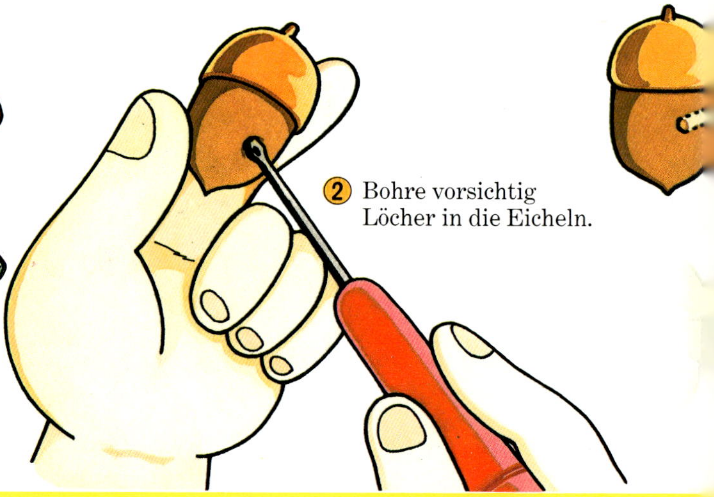

② Bohre vorsichtig Löcher in die Eicheln.

3 Stecke die Stäbchen in die Löcher in den Eicheln und klebe sie fest. Es ist wichtig, daß beide Stäbchen gleich lang sind.

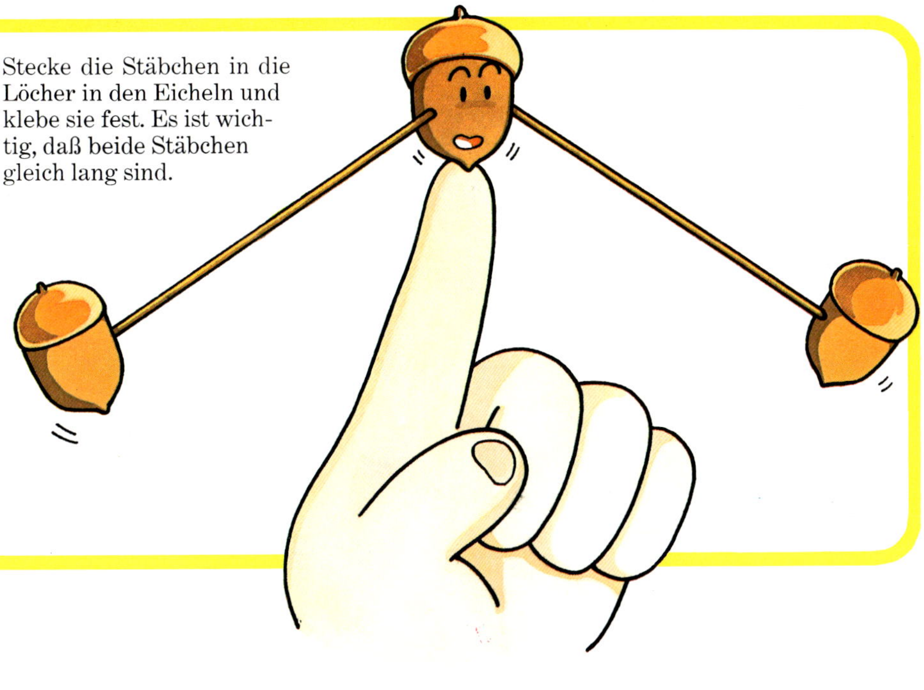

Für die Eltern

Soll das Spielzeug im Gleichgewicht sein, müssen Schwer- und Drehpunkt übereinanderliegen. Die mittlere Eichel sollte sich in einer höheren Position befinden als die beiden äußeren; letztere sollten gleich schwer sein, da sich das Spielzeug sonst schlecht ins Gleichgewicht bringen läßt. Statt der Eicheln kann man natürlich auch etwas anderes nehmen.

Wie schneidet eine Schere?

Antwort Scheren haben zwei Klingen. Die Klingen sind so miteinander verbunden, daß sie eng aneinandersitzen, aber frei bewegt werden können. Wenn du mit einer Schere etwas schneidest, reiben die beiden Klingen gegeneinander. Man kann gerade oder bogenförmige Schnitte machen.

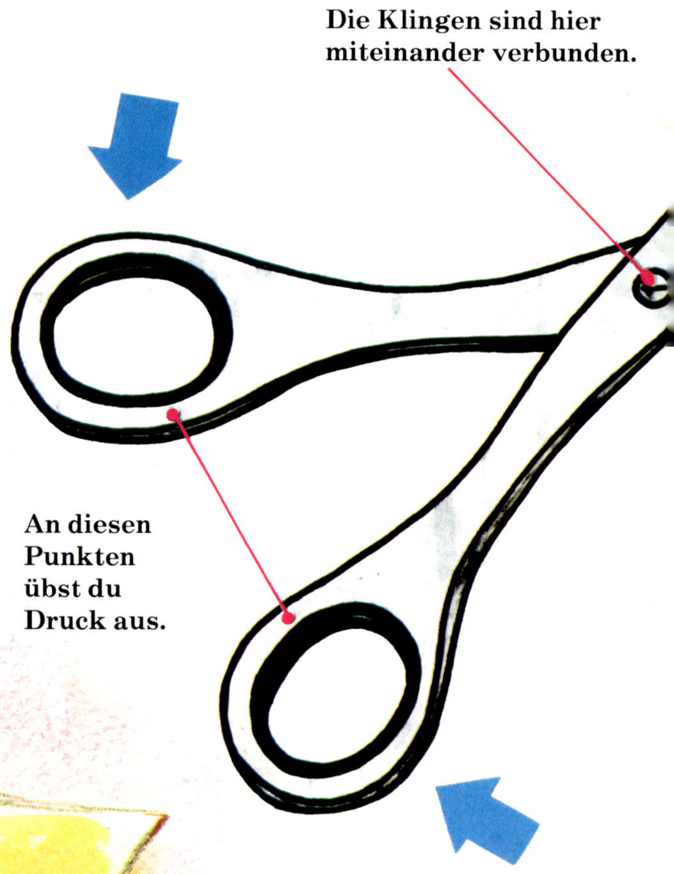

Verschiedene Scheren

Friseur-
schere

Garten-
schere

Schneider-
schere

Diese läßt sich zusammenlegen und sieht wie etwas ganz anderes aus.

Für die Eltern

Scheren schneiden infolge der Reibung, die entsteht, wenn die Klingen zusammengedrückt werden. Die Klingen brauchen daher weder dünn wie Rasierklingen zu sein, noch muß, wie bei einem Messer, Druck von oben ausgeübt werden. Die Klingen sind leicht gebogen, so daß sie sich nur an einem Punkt berühren. Wenn man genau hinsieht, kann man feststellen, daß sich zwischen den beiden Klingen ein kleiner Zwischenraum befindet.

Wie funktioniert eine Wasserpistole?

Antwort Das Loch in der Wasserpistole, aus dem das Wasser kommt, ist sehr klein. Wenn das Wasser durch dieses Loch gedrückt wird, spritzt es mit großem Druck weit heraus.

Mini-Info

Eine einfache Wasserpistole

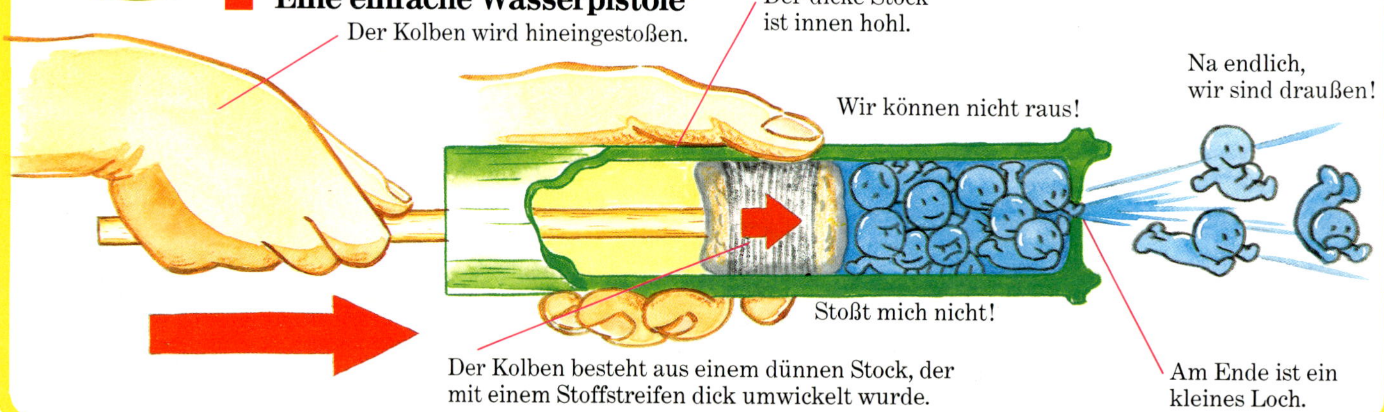

Sie funktioniert wie eine Wasserpumpe

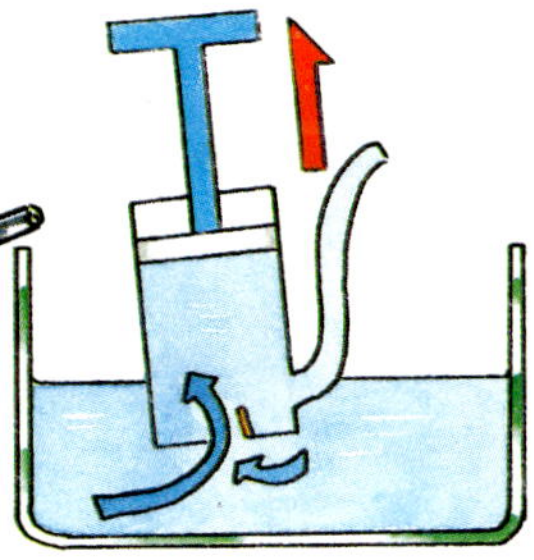

Wenn der Griff der Pumpe nach oben gezogen wird, öffnet sich das Ventil am Boden und läßt das Wasser in die Druckkammer.

Wenn der Griff der Pumpe heruntergedrückt wird, schließt sich das Ventil, und das Wasser schießt aus dem Schlauch.

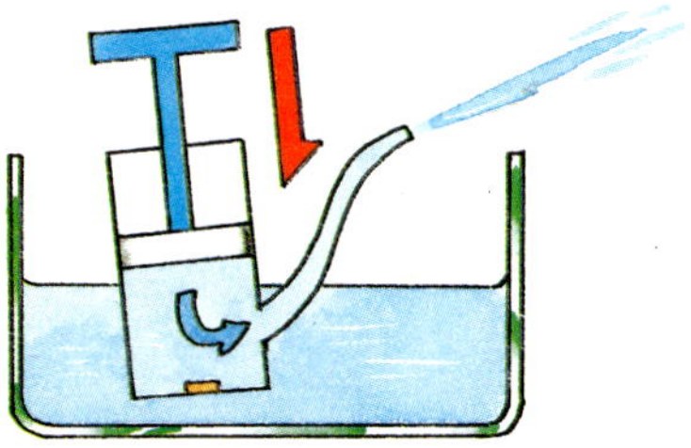

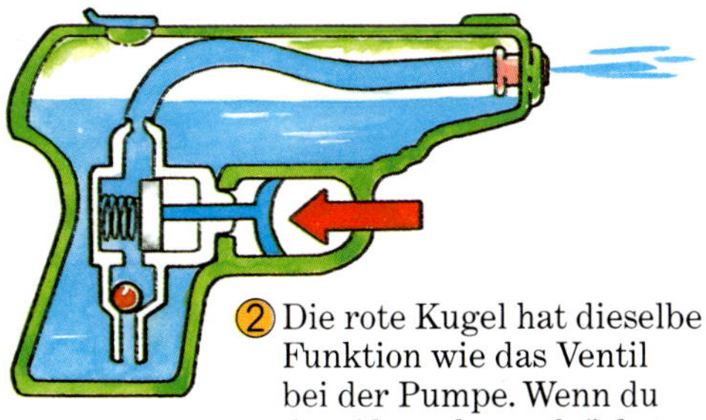

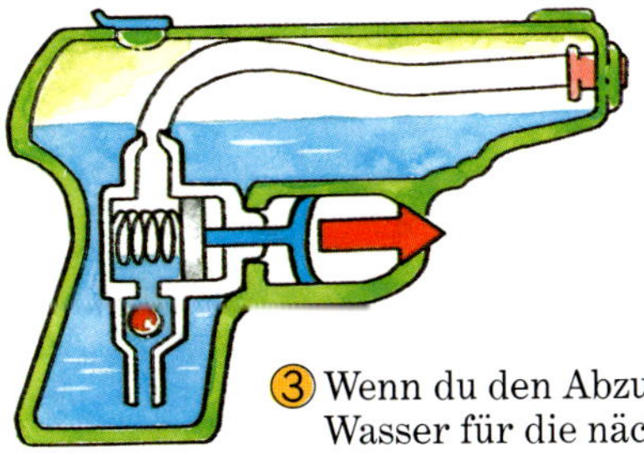

① Fülle die Pistole mit Wasser.

② Die rote Kugel hat dieselbe Funktion wie das Ventil bei der Pumpe. Wenn du den Abzug heranrückst, schießt das Wasser aus der Pistole heraus.

③ Wenn du den Abzug losläßt, wird neues Wasser für die nächste Ladung eingesaugt.

Was ist besser, ein großes oder ein kleines Loch?

Durch ein kleines Loch spritzt das Wasser weiter als durch ein großes.

Kleines Loch

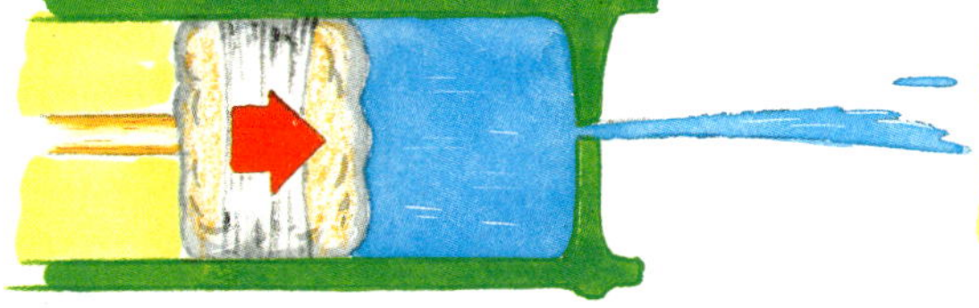

Das Wasser spritzt weit.

Großes Loch

Das Wasser kommt nicht weit.

• Für die Eltern

Der Zusammenhang zwischen der Größe des Lochs in einer Wasserpistole und der Reichweite des Wasserstrahls läßt sich mit einem Gartenschlauch demonstrieren. Stellt man die Düse des Schlauchs so ein, daß die Öffnung klein ist, schießt das Wasser weiter heraus. Da Wasser sein Volumen unter Druck nicht verändert, kann eine Wasserpistole zum Spritzen wie eine Pumpe mit Druck arbeiten. Inzwischen gibt es auch batteriebetriebene Wasserpistolen.

Wie entsteht ein Feuerwerk?

Antwort Feuerwerkskörper enthalten verschiedene Schwarzpulversorten. Die Antriebsladung bewirkt, daß der Feuerwerkskörper in den Himmel aufsteigt. Wenn die Sprengladung explodiert, breitet sich die Leuchtladung am Himmel aus und brennt in unterschiedlichen Farben.

Wie sich das Feuerwerk ausbreitet

Die Sprengladung explodiert.

Die Leuchtladung verteilt sich am Himmel.

Die Leuchtladung brennt in verschiedenen Farben.

Das Innere eines Feuerwerkskörpers

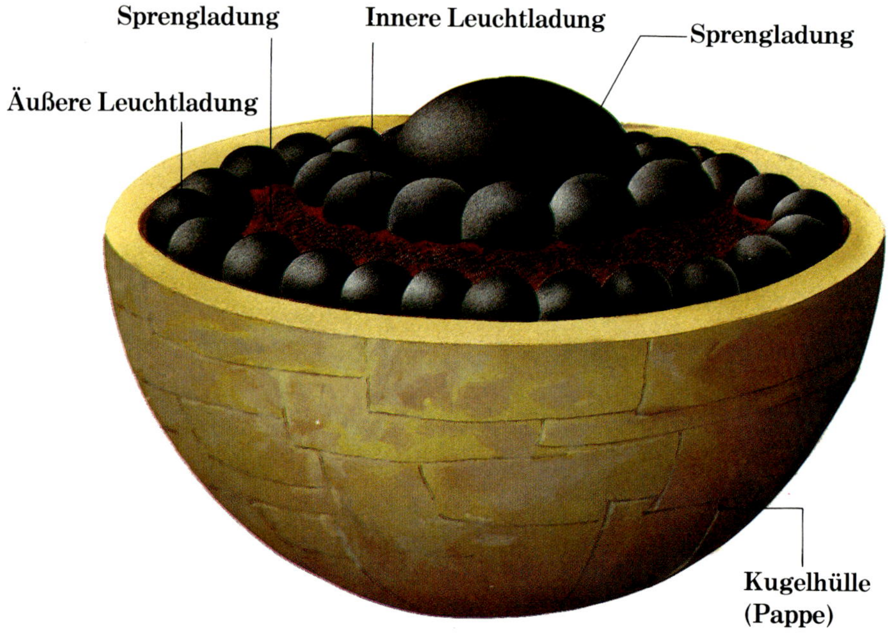

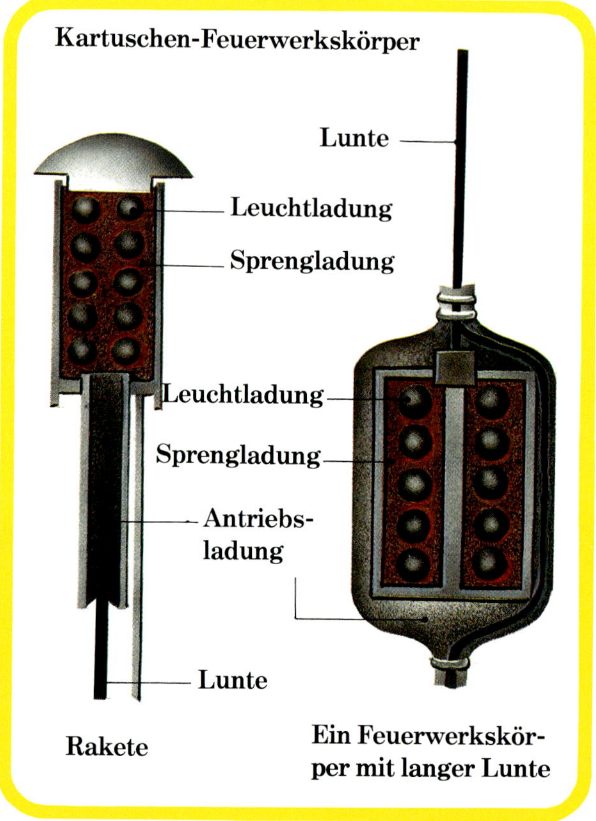

▲ **Feuerblumen.** Am dunklen Himmel sehen sie tatsächlich wie große Blumen aus.

Warum ist ein Feuerwerk so bunt?

Ein Feuerwerk ist so bunt, weil der Leuchtladung verschiedene Metallpulver beigemischt sind. Die meisten Metallpulver erzeugen verschiedene Farben, wenn sie brennen. Strontium zum Beispiel brennt rot, Natrium gelb und Barium grün.

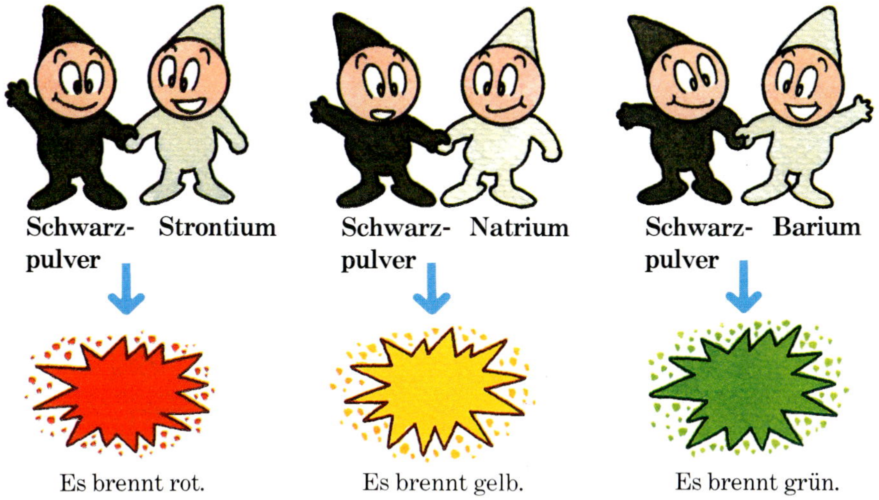

Für die Eltern

Feuerwerkskörper enthalten Sprengladungen und Leuchtladungen und werden mit einer Antriebsladung in den Himmel befördert. Früher wurden Feuerwerkskörper aus Schwarzpulver (das aus Holzkohle, Salpeter und Schwefel zusammengesetzt ist) hergestellt, das jedoch eine niedrige Brenntemperatur und eine orangefarbene Flamme hat, die nicht jedermanns Geschmack war. Heute wird meist Kaliumperchlorat verwendet. Es erzeugt wesentlich mehr Hitze und kann Chemikalien wie beispielsweise Strontiumkarbonat verbrennen, wodurch wundervolle Farben entstehen.

Warum sieht man die Gegenstände im Spiegel seitenverkehrt?

Antwort Da die Oberfläche eines Spiegels glatt ist, wirft sie das Licht geradlinig zurück. Dadurch wird die rechte Seite eines Gegenstandes von der rechten Seite des Spiegels reflektiert – genau andersherum, als wenn du den Gegenstand direkt anschaust.

Wasser ist ein Spiegel

Ruhige Gewässer haben eine glatte Oberfläche und reflektieren die Gegenstände wie ein Spiegel.

Bei Wind kräuselt sich die Wasseroberfläche, und sie kann die Bilder nicht mehr reflektieren.

Versuch's mal

Sieh in einen dreiteiligen Spiegel wie diesen.

Verschiedene Spiegel

▶ Gewölbter Spiegel

Mit diesem Spiegel können Autofahrer die Straße einsehen, bevor sie um die Ecke biegen.

▼ Rückspiegel

Mit diesem Spiegel kann der Autofahrer sehen, was hinter seinem Wagen passiert. Er ist etwas gewölbt; dadurch hat der Fahrer ein größeres Blickfeld.

▼ Taschenspiegel

Dieser kleine Spiegel befindet sich im Deckel einer Puderdose.

• Für die Eltern

Kinder betrachten sich gern im Spiegel. Kleine Kinder drehen den Spiegel manchmal um und untersuchen seine Rückseite, um zu verstehen, wie er funktioniert. Für ein Kind ist es möglicherweise noch zu schwierig zu begreifen, wie ein Spiegel das Licht reflektiert. Die grundlegenden Prinzipien der Lichtreflexion lassen sich gut anhand eines kleinen Handspiegels erläutern. Man kann damit z. B. Licht zurückspiegeln, oder man stellt den Spiegel auf ein Buch, um zu zeigen, wie die Buchstaben seitenverkehrt reflektiert werden.

Wie funktioniert ein Fotoapparat?

Antwort Ein Fotoapparat funktioniert ganz ähnlich wie dein Auge. Wenn du etwas siehst, wird das Abbild auf die Netzhaut deines Auges geworfen. Und wenn du eine Aufnahme machst, wird das Abbild des Gegenstandes, der fotografiert werden soll, auf den Film im Fotoapparat geworfen. In beiden Fällen werden die Lichtstrahlen, die von dem Gegenstand ausgehen, von einer Linse gebrochen.

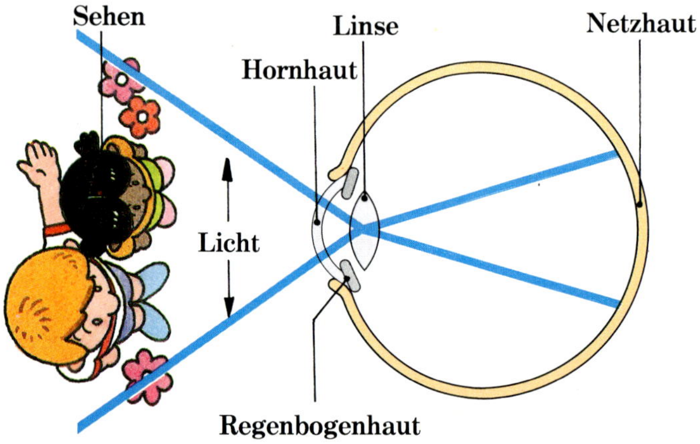

Die Regenbogenhaut reguliert die Menge der Lichtstrahlen, die in das Auge einfallen. Sie werden durch die Linse gebrochen und auf die Netzhaut geworfen.

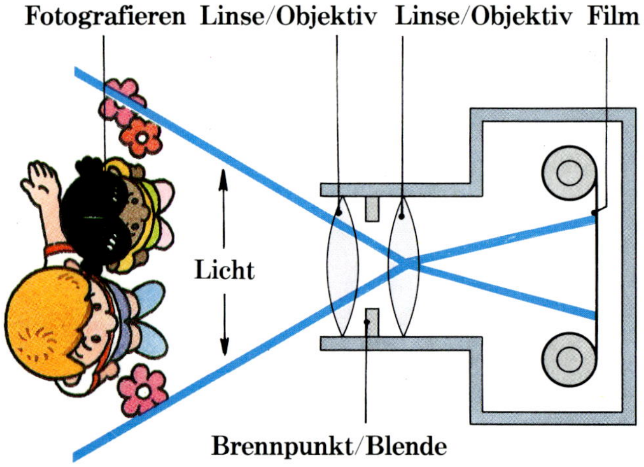

Das Abbild entsteht auf dem Film wie auf der Netzhaut. Die Blende funktioniert wie die Regenbogenhaut.

Das Auge und der Fotoapparat

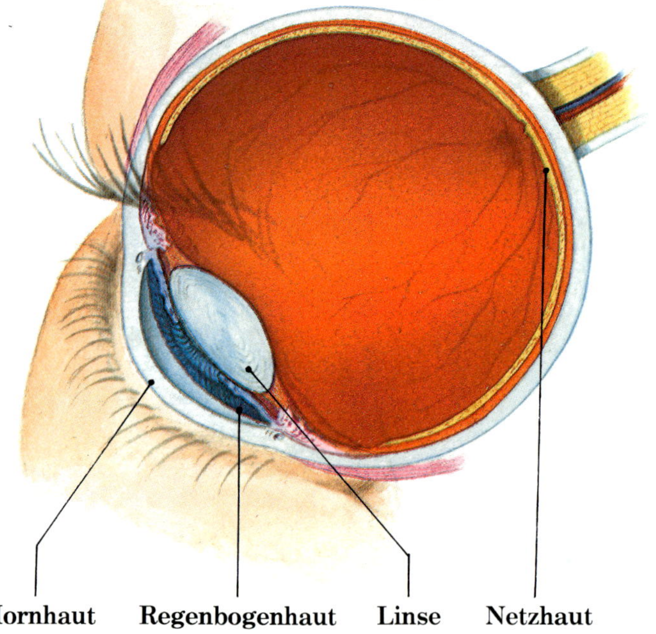

Wie werden aus einem Film Fotos gemacht?

Zunächst wird der Film entwickelt, so daß das Abbild sichtbar wird. Dann wird das Abbild auf Fotopapier abgezogen. Dieser Papierabzug muß nochmals entwickelt werden.

Wenn du eine Aufnahme machst, kannst du das Abbild auf dem Film nicht sehen.

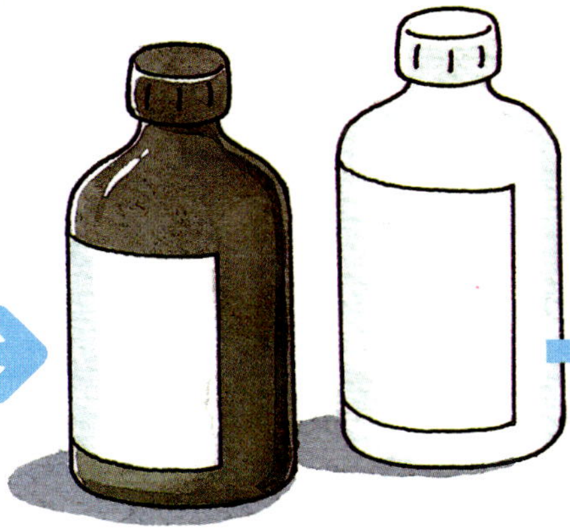

Es wird erst sichtbar, wenn der Film mit Hilfe von Chemikalien entwickelt wird.

Auf einem Negativ haben die Gegenstände andere Farben als in Wirklichkeit.

Durch Belichtung wird das Abbild auf spezielles Papier übertragen.

Legst du das Papier zum Entwickeln in Chemikalien, erscheint das Abbild.

Auf dem entwickelten Foto haben die Dinge ihre richtigen Farben.

Mini-Info

Wenn du deinen Fotoapparat öffnest und Licht auf den Film fällt, verschwinden die Aufnahmen, die du gemacht hast.

• Für die Eltern

Im Aufbau sind sich ein Fotoapparat und das menschliche Auge ziemlich ähnlich, doch was die Weiterverarbeitung der Abbilder angeht, gibt es bedeutende Unterschiede. Beim Auge wird das auf die Netzhaut projizierte Abbild über den Sehnerv zum Gehirn geleitet, während es beim Fotoapparat auf Film festgehalten wird. Farbnegativfilme sind mit Farbkopplern beschichtet, die die Farben des fotografierten Gegenstandes festhalten. Die Abbildungen zeigen, wie ein Film von Hand entwickelt wird; normalerweise geschieht dies jedoch automatisch.

Wie funktioniert ein Fotokopiergerät?

Antwort

Ein elektrisches Fotokopiergerät arbeitet mit Elektrostatik. Elektrostatische Energie liefert sowohl positiv als auch negativ geladene Teilchen, die sich gegenseitig anziehen. Mit den positiv geladenen Teilchen macht das Gerät von der Vorlage, die kopiert werden soll, ein Abbild. Dann wird schwarzes Pulver, das negativ geladen ist, von dem Abbild angezogen, so daß die Kopie entsteht.

▲ Die Geräte können große und kleine Kopien machen.

Wie ein Fotokopiergerät Kopien macht

Das Abbild wird auf die Walze übertragen

Drückt man auf den Schaltknopf des Fotokopiergerätes, wird das Bild oder Schriftstück, das kopiert werden soll, belichtet. Das Licht wird zurückgeworfen, fällt durch eine Linse und projiziert ein Abbild des Bildes bzw. Schriftstückes auf die Oberfläche einer rotierenden Walze. Dieses Abbild ist unsichtbar, da es nur aus positiv geladenen Teilchen besteht. Die schwarzen Teile des Abbildes sind positiv geladen, die weißen Teile sind nicht geladen.

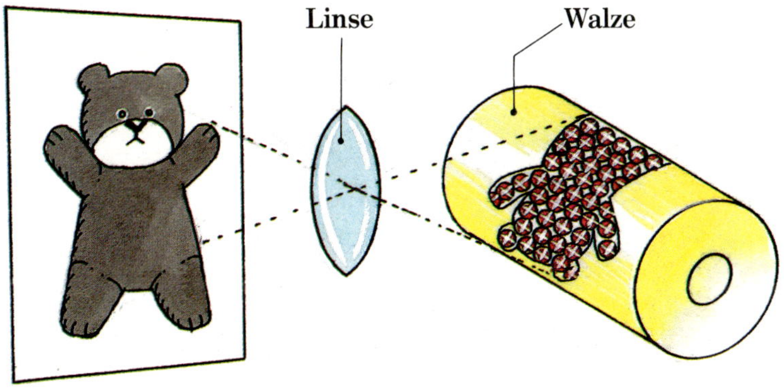

Schwarzes Pulver macht das Abbild sichtbar

Das Abbild, das auf die Walze des Fotokopiergerätes projiziert wurde, wird mit einem schwarzen Pulver, dem Toner, besprüht. Der Toner ist negativ geladen und wird daher von den positiv geladenden Teilen des Abbildes angezogen, so daß diese sich schwarz färben. Die Teile des Abbildes, die nicht geladen sind, bleiben weiß, da sie den Toner nicht anziehen.

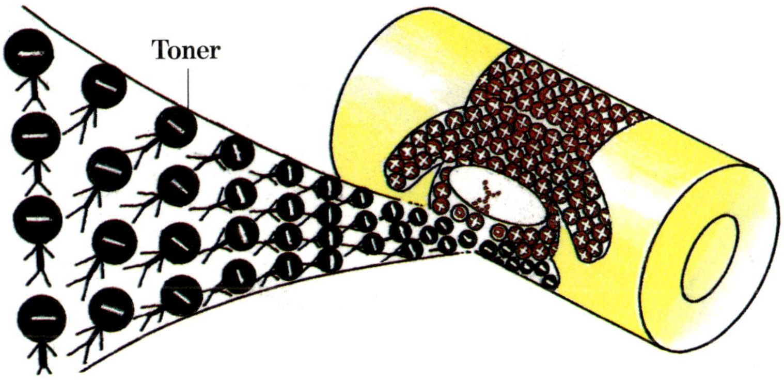

Das Abbild wird auf Papier übertragen

Das mit Toner besprühte Abbild wird durch Drehen der Walze auf das Papier übertragen. Der Toner ist ein Pulver. Er besteht, wie eine Bleistiftmine, aus Graphit, nur sind die einzelnen Teilchen zusätzlich noch mit einem dünnen Kunststoffilm überzogen. Damit der Toner am Papier haftet, wird es zwischen erhitzten Rollen hindurchgezogen.

Versuch's mal

Man kann leicht sehen, wie sich Dinge, die positiv und negativ geladen sind, gegenseitig anziehen. Wenn du z. B. eine Kunststoffplatte an deinem Haar reibst und sie dann dicht über ein Stück Papier hältst, wirst du feststellen, daß das Papier vom Kunststoff angezogen wird. Das liegt daran, daß die Platte positiv geladen ist und das Papier negativ.

● Für die Eltern

Ein elektrisches Fotokopiergerät hat eine Walze, die mit Selen beschichtet ist und elektrostatisch aufgeladen werden kann. Eine hohe Spannung ist erforderlich, damit sich die Oberfläche der Walze gleichmäßig positiv auflädt. Wird das Abbild, das kopiert werden soll, auf die Oberfläche der Walze projiziert, wird in den Bereichen, die weiß bleiben sollen, die elektrische Ladung durch Belichtung neutralisiert.

Wie funktioniert ein Tonbandgerät?

Antwort

Ein Tonbandgerät wandelt Geräusche in elektrische Signale um. Dann nimmt es diese Signale auf eine besondere Art von Band auf, das magnetische Eigenschaften besitzt.

Innenansicht eines Tonbandgerätes

Der Vorgang beim Aufnehmen

Ein Tonband besteht aus Kunststoff, der mit einer dünnen Schicht Eisenpulver überzogen ist. Dieses Pulver kann magnetisiert oder in kleine Magneten umgewandelt werden. Das Tonbandgerät wandelt Geräusche in elektrische Signale um, und diese magnetisieren das Eisen auf dem Band. Damit bleiben magnetische Signale an dem Band haften, die wieder in Geräusche umgewandelt werden können.

Für die Eltern

Ein Tonbandgerät zeichnet Geräusche auf ein Band auf, das mit einem magnetisierbaren Pulver beschichtet ist. Das Mikrofon verwandelt die Geräusche in elektrische Schwingungen. Diese werden zum Aufnahmekopf geleitet und in ein veränderliches Magnetfeld, das auf Band aufgezeichnet wird, umgewandelt. Beim umgekehrten Vorgang erzeugt die magnetische Aufzeichnung elektrische Schwingungen, die von den Lautsprechern in Geräusche zurückverwandelt werden.

Tonbandkassette

Tonband

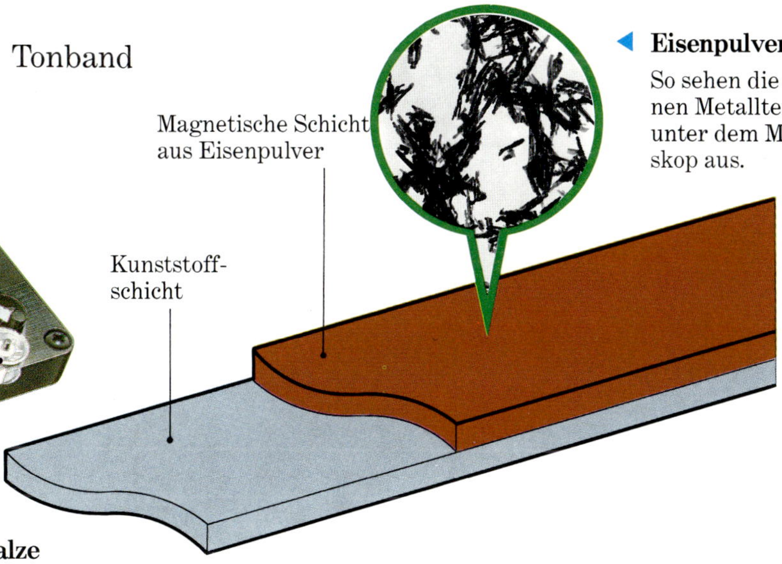

Eisenpulver
So sehen die kleinen Metallteilchen unter dem Mikroskop aus.

Geräusche werden in elektrische Signale umgewandelt

Beim Aufnehmen läuft das Band über einen Elektromagneten, den sogenannten Tonkopf. Die Stärke dieses Magneten schwankt je nach Stärke der elektrischen Signale, die er durch das Mikrofon erhält. Während das Band über den Tonkopf gleitet, wird das am Band haftende Eisenpulver in Magnete umgewandelt, die die gleiche magnetische Stärke haben wie in dem Augenblick der Tonkopf. Geräusche werden in Form eines Stärker- und Schwächerwerdens der kleinen Magnete auf dem Band aufgezeichnet.

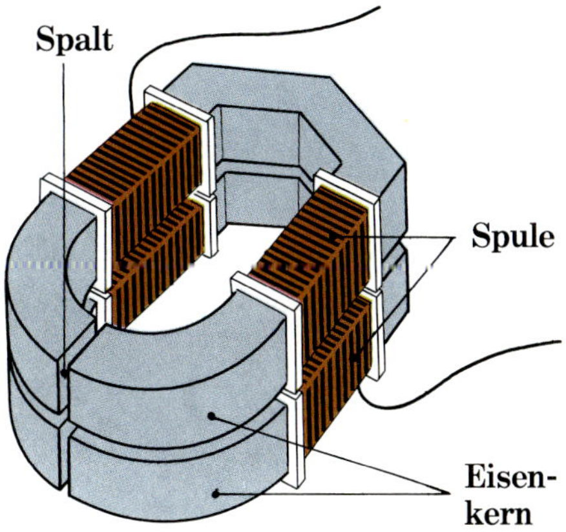

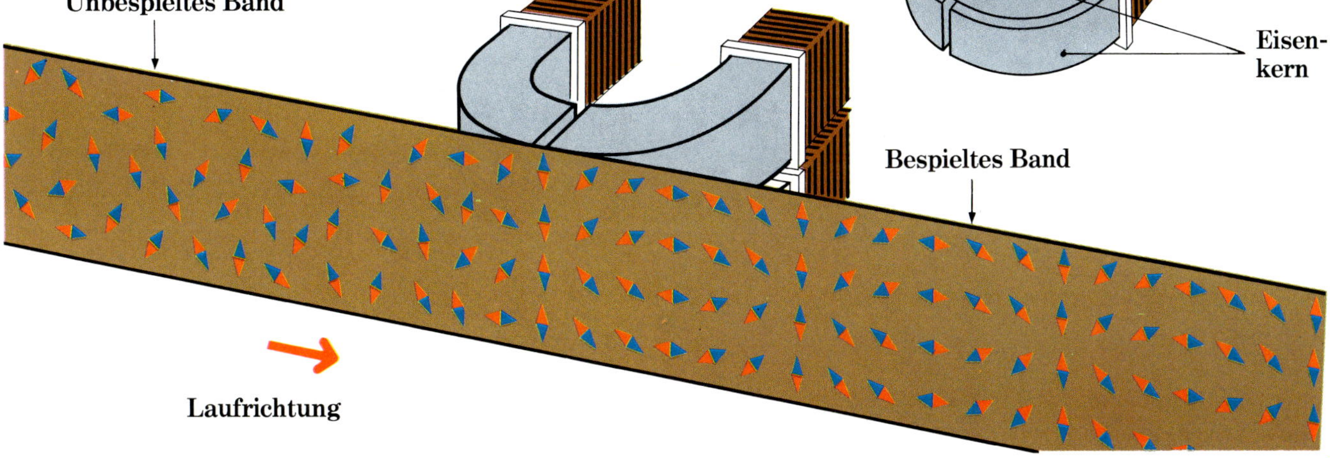

Je nachdem, wie stark oder schwach die Magnete sind, verändert sich auch ihre Anordnung.

Wie funktioniert ein Radio?

Antwort Eine Rundfunkstation wandelt Laute in elektrische Wellen um und sendet sie in die Luft. Das Radio empfängt die Wellen und verwandelt sie wieder in Töne, die wir hören können.

Mikrofon
Das Mikrofon verwandelt Laute in elektrische Signale.

In einer Rundfunkstation

Aufnahmestudio
In einem Studio werden Sendungen auf Tonband aufgenommen.

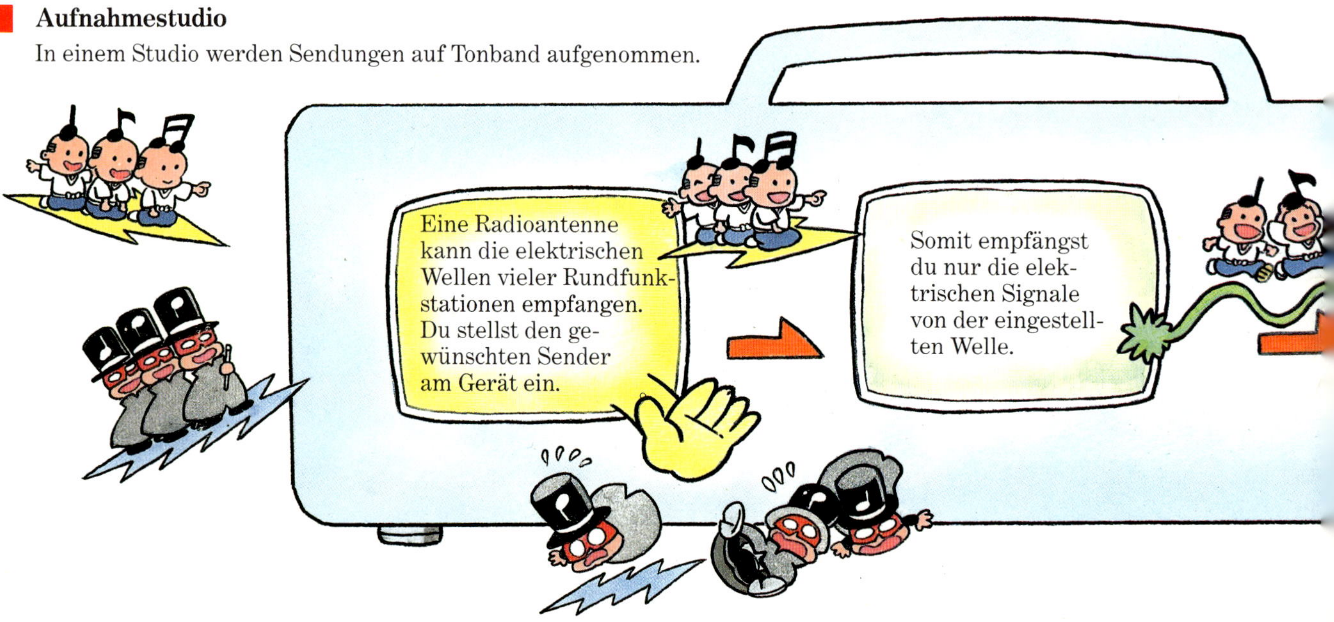

Die Rundfunkstationen senden elektrische Wellen in verschiedene Richtungen aus. Radiowellen bewegen sich mit Lichtgeschwindigkeit; das ist so schnell, daß sie die Erde siebenmal in der Sekunde umrunden können.

• Für die Eltern

Rundfunkstationen senden auf verschiedenen Frequenzen elektromagnetischer Wellen. Dazu zählen die Mittelwelle für Standardsendungen, die Kurzwelle für Überseesendungen und sehr hohe Frequenzen für Stereosendungen auf UKW. In den USA kam die erste kommerzielle Sendung 1920 von der Rundfunkstation KDKA in Pittsburgh, Pennsylvania. Zu etwa derselben Zeit entstanden auch in Europa die ersten staatlichen Sender, außerdem im Jahre 1922 in der Sowjetunion, 1925 in Japan und 1926 in Indien.

Wie funktioniert eine Spieldose?

Antwort Eine Spieldose hat eine Feder, eine mit Stiften versehene Walze und eine gezinkte Metallplatte, den sogenannten Kamm. Die Feder treibt die Walze an; dadurch versetzen die Stifte die Zinken des Kammes in Schwingung, und du hörst Musik.

Aufbau einer Spieldose

Die Musik wird von den Stiften auf der Walze und den Zinken des Kammes erzeugt. Die Stifte sind um die Walze herum in einer bestimmten Weise angeordnet, so daß eine Melodie erklingt, wenn sie die Zinken berühren. Die längeren Zinken erzeugen tiefere Töne, die kürzeren höhere.

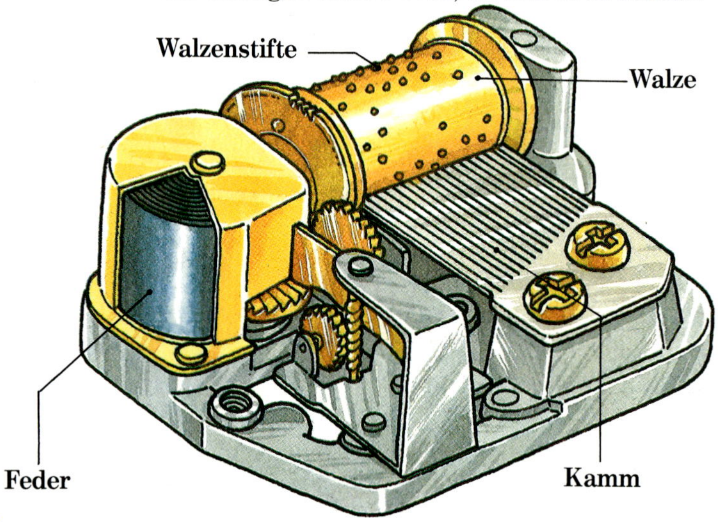

Wie die Melodie entsteht

Es kann sein, daß du erst die Feder aufziehen mußt. Dabei solltest du darauf achten, daß du sie nicht zu fest aufziehst. Dann öffne den Deckel der Spieldose.

Bei einigen Spieldosen fängt die Feder an, sich zu drehen, sobald du den Deckel öffnest. Bei anderen Dosen mußt du einen Hebel oder Schalter betätigen.

Wenn die Walze sich dreht, berühren die Stifte die Zinken in einer bestimmten Reihenfolge und versetzen sie in Schwingungen, so daß eine Melodie erklingt.

Die Stifte und Zinken erzeugen nur leise Töne. Sie werden durch einen Holzkasten, den sogenannten Klangkörper, verstärkt.

Elektronische Melodiekarten

Melodiekarten machen Musik, wenn sie geöffnet werden. Wenn Licht auf die kleine Spieldose in der Karte fällt, erklingt eine Melodie.

Für die Eltern

Die zylinderförmige Walze der Spieldose wird von einem federbetriebenen Motor gedreht. Die Stifte auf der Walze reißen die gestimmten Zinken des Kammes in einer bestimmten Reihenfolge an und versetzen sie in Schwingung, so daß eine Melodie entsteht. Die einfacheren Spieldosen haben einen Kamm mit gewöhnlich 12 bis 18 Zinken und spielen nur ein kurzes Musikstück, das nicht verändert werden kann. Kostspieligere und aufwendiger gebaute Dosen haben zwischen 50 und 140 Zinken, ihre Walzen sind auswechselbar und die Musikstücke länger. Als Klangkörper, die die ursprünglich leisen Töne verstärken, werden hölzerne Kästen oder Flächen verwendet.

Wodurch schnellt ein fertiger Toast nach oben?

Antwort Mit einem Schalter stellt sich der Toaster automatisch ab. Da der Schalter aus zwei Metallen besteht, biegt er sich, wenn er heiß wird, bis die Stromzufuhr unterbrochen wird. Zu diesem Zeitpunkt ist das Brot bereits getoastet und schnellt mit Hilfe einer Feder nach oben.

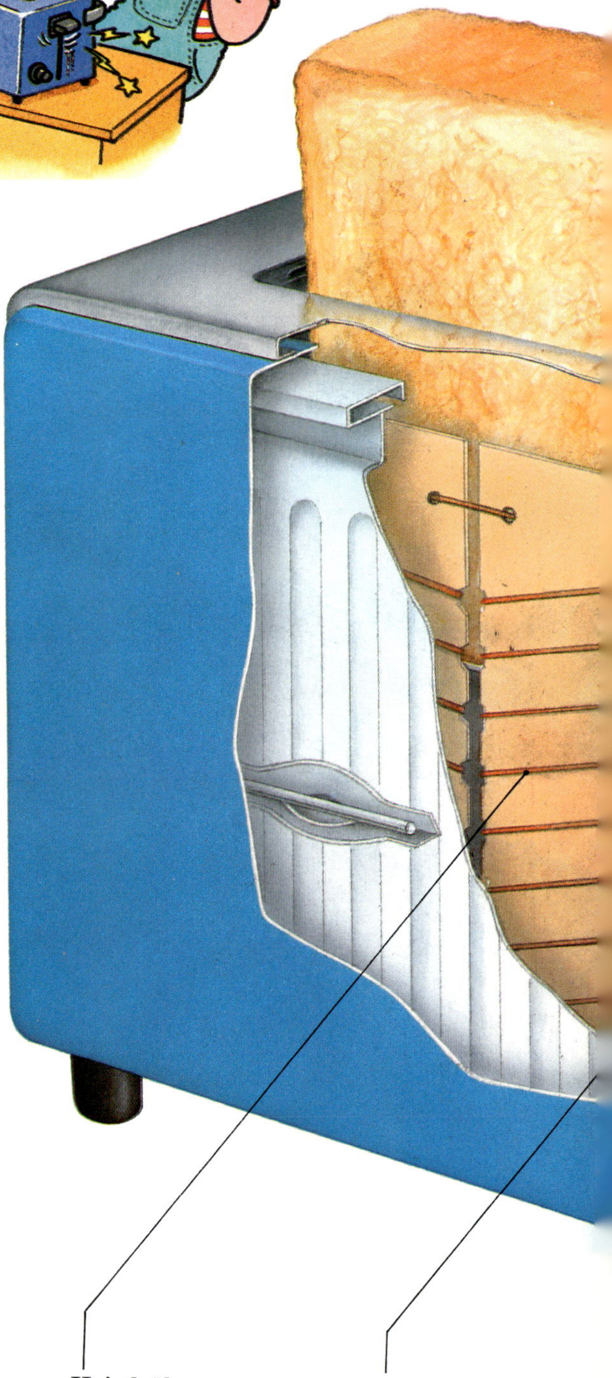

Wie das funktioniert

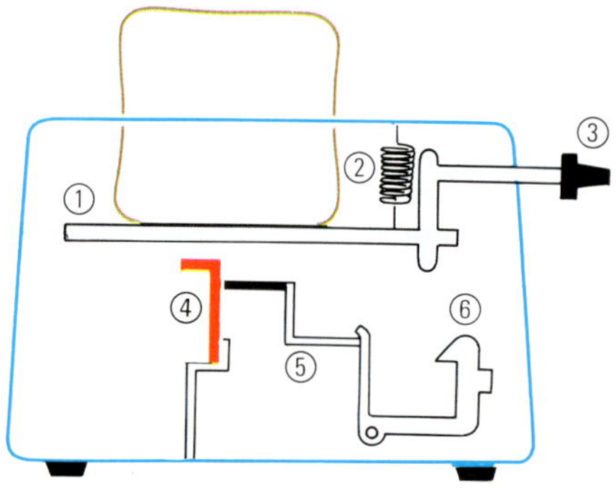

1 **Brotrost**
2 **Spiralfeder**
3 **Einschalthebel**
4 **Bimetallschalter**
5 **Sperriegel**
6 **Haken**

Der Brotrost hält den Toast.

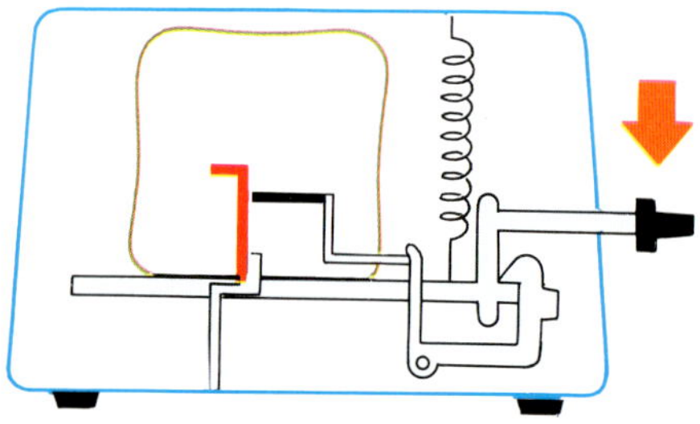

Wenn du den Einschalthebel herunterdrückst, verschwindet das Brot im Toaster. Die Heizdrähte fangen an zu glühen und rösten das Brot.

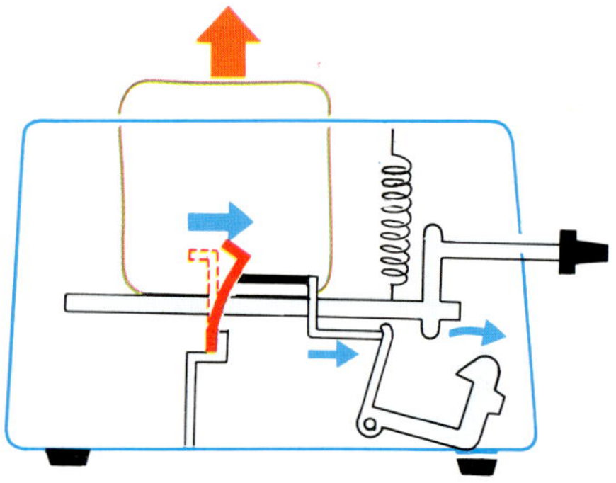

Die Hitze bewirkt auch, daß sich der Bimetallschalter biegt. Er berührt den Sperrriegel, und dieser drückt den Haken weg. Dadurch löst sich die Feder, so daß der Toast nach oben schnellt.

Das Geheimnis des Bimetallschalters

Jedes Metall dehnt sich aus, wenn es erhitzt wird, allerdings in unterschiedlichem Maße. Ein Bimetallschalter besteht aus zwei fest miteinander verbundenen Metallen mit unterschiedlicher Dehnfähigkeit. Da sich das eine stärker dehnt als das andere, biegt sich der Schalter.

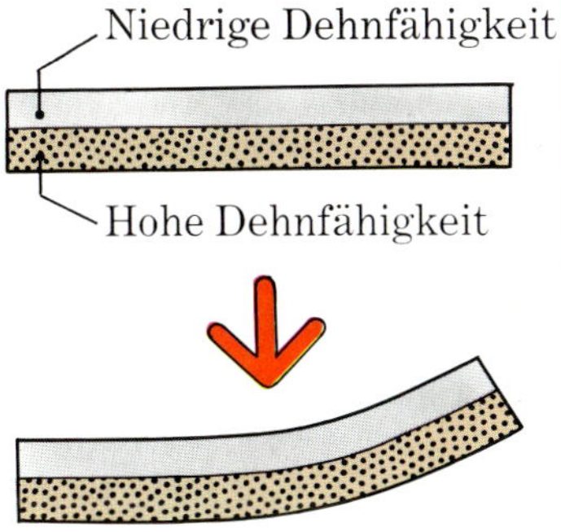

Es biegt sich zu dem Metall mit der niedrigeren Dehnfähigkeit.

▲ Hier ist das Bimetall gerade.

▲ Bei Erhitzung biegt es sich.

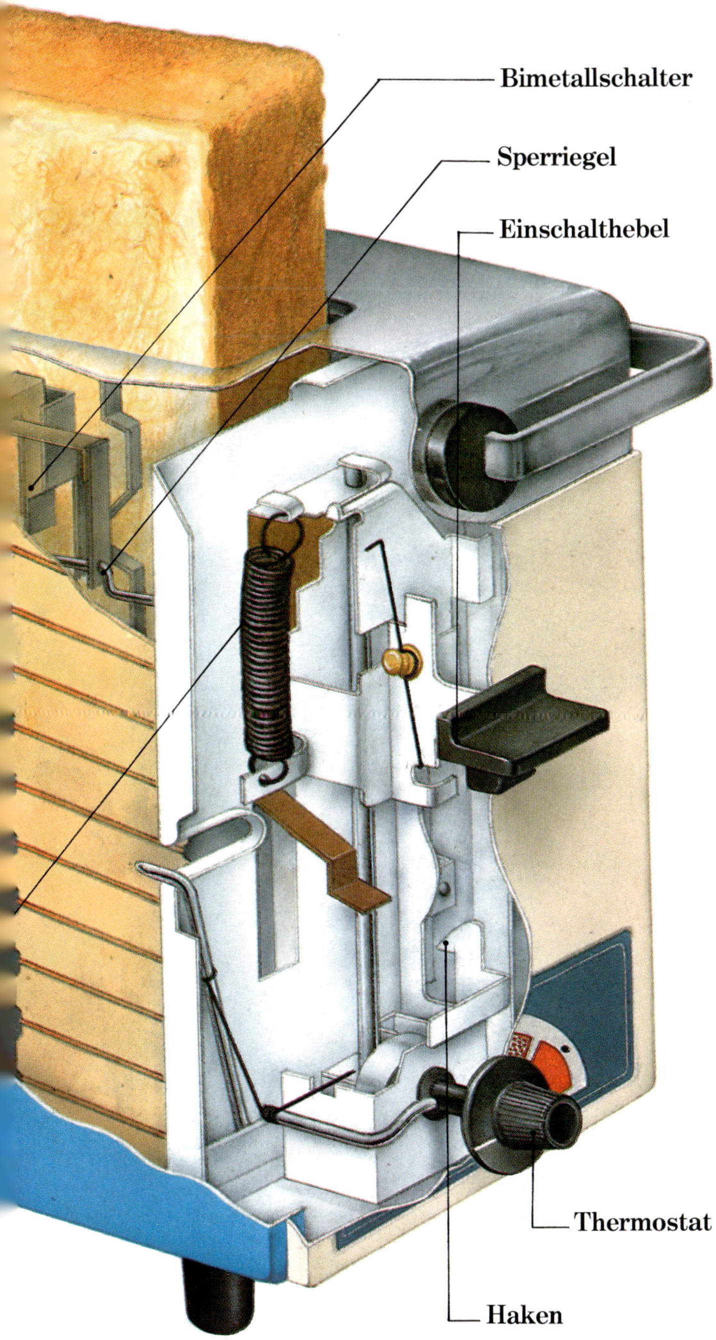

Andere Geräte mit Bimetallschaltern

Kühlschränke, Bügeleisen und andere Haushaltsgeräte haben Bimetallschalter, damit ihre Temperatur konstant bleibt.

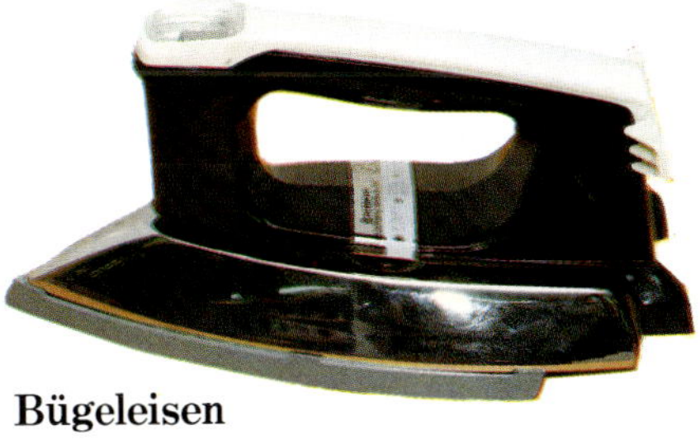

Bügeleisen

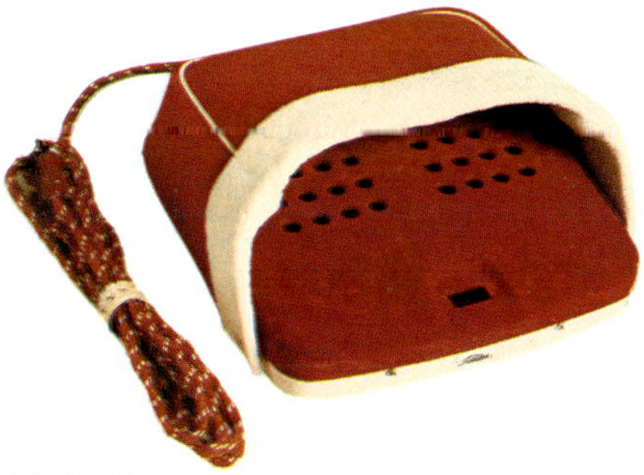

Fußwärmer

Kühlschrank

● Für die Eltern

Ein Bimetallschalter besteht aus zwei Metallstreifen mit unterschiedlicher Dehnfähigkeit, die zu einer Platte verbunden werden. Erhitzt man die Platte, biegt sie sich zu der Seite mit der niedrigeren Dehnfähigkeit. Nach dem Abkühlen nimmt sie wieder ihre ursprüngliche Form an. Die meisten Bimetallschalter werden aus Messing, das eine hohe Dehnfähigkeit hat, und Invar, einer Legierung mit niedriger Dehnfähigkeit, hergestellt. Thermostate haben einen Bimetallschalter, der den Strom ein- oder ausschaltet, um die Temperatur konstant zu halten.

Wie funktioniert ein Mikrowellenherd?

Antwort Mikrowellenherde haben eine Vorrichtung, die sogenannte Magnetfeldröhre, in der die Mikrowellen erzeugt werden. Diese bringen die in den Speisen enthaltenen Wassermoleküle zum Schwingen; wenn sie aneinanderstoßen, entsteht Hitze.

Die Speisen werden nicht gebräunt

Mikrowellen bewirken, daß das in den Speisen enthaltene Wasser heiß wird. Auf diese Weise garen die Speisen zwar schnell, aber sie werden nicht braun. Soll eine Speise gebräunt werden, damit sie appetitanregender aussieht, kann man, falls der Mikrowellenherd keine zusätzliche Grillvorrichtung hat, Bräunungsgeschirr verwenden.

Die Speisen brennen an, wenn sie direkter Hitze ausgesetzt werden.

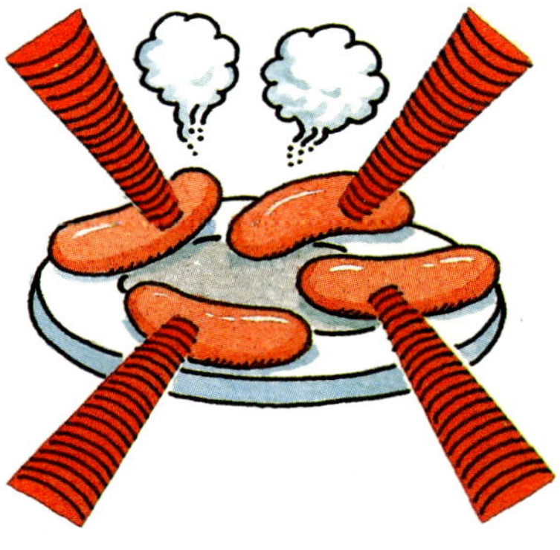

Mikrowellen machen das Essen zwar gar, aber sie bräunen es nicht.

Einiges Wissenswerte über Mikrowellen

Das in den Speisen enthaltene Wasser zieht die Mikrowellen an.

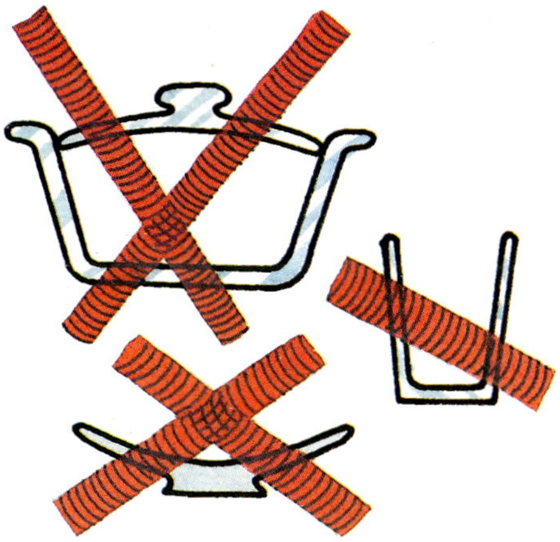

Mikrowellen durchdringen Gefäße aus Glas und Porzellan.

Sie durchdringen auch Klarsichtfolie, Alufolie dagegen nicht.

Warum wird Wasser heiß, wenn Mikrowellen auf es einwirken?

Mikrowellen bringen Wassermoleküle zum Schwingen. Da die Wassermoleküle eine unregelmäßige Form haben, entsteht, wenn sie aneinanderstoßen, Reibung, und Reibung erzeugt Hitze.

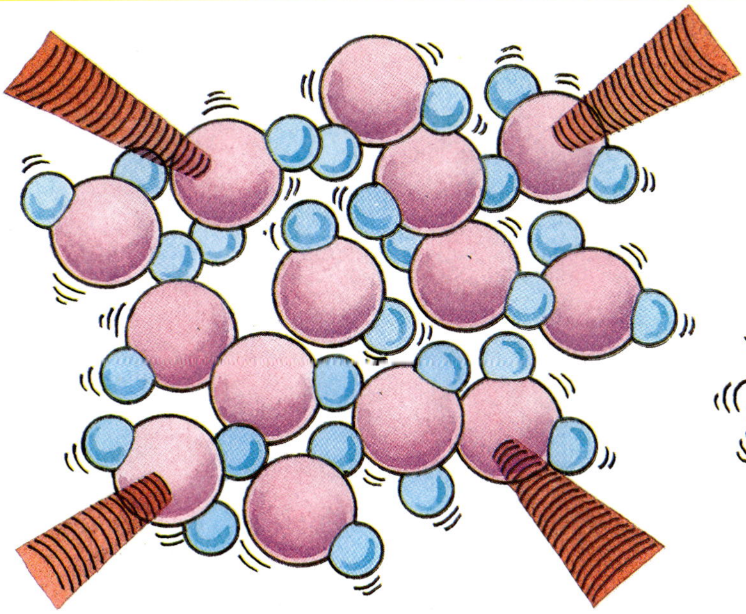

Wenn du deine Hände reibst, werden sie warm, denn durch Reibung entsteht Hitze.

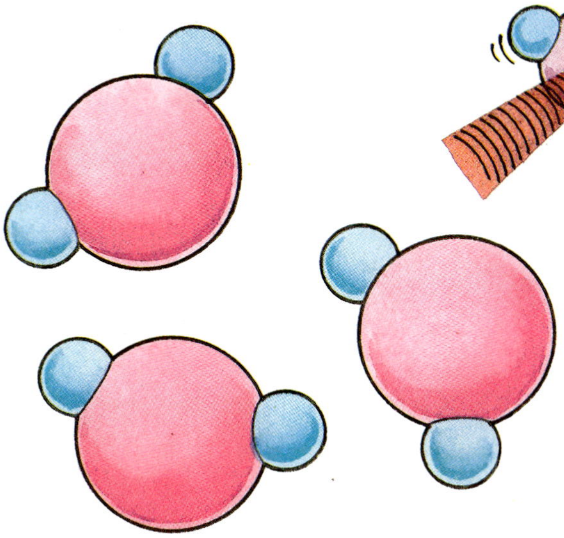

Wassermoleküle haben unregelmäßige Formen.

• Für die Eltern

Die elektrischen Wellen, die von der Magnetfeldröhre im Mikrowellenherd erzeugt werden, schwingen mit einer extrem hohen Frequenz – pro Sekunde etwa 2,45 milliardenmal. Wirken diese als Mikrowellen bezeichneten elektrischen Wellen auf ein Wassermolekül ein, beginnt es mit derselben Frequenz zu vibrieren. Durch die Vibration entsteht Hitze, die die Speisen gar werden läßt.

Wie funktioniert ein Staubsauger?

Antwort

Wenn du mit einem Strohhalm Saft trinken willst, saugst du ihn an. Ein Staubsauger funktioniert genauso. Staub und Schmutz werden angesaugt und gelangen in einen Beutel. Wenn der Beutel voll ist, wird er entleert.

Staubsaugerdüse

Stelle die Düse einfach auf den Staub, Schmutz oder was du sonst aufsaugen möchtest. Da die Flächen, die abgesaugt werden sollen, unterschiedlich sein können, gibt es auch Düsen in verschiedenen Größen.

Staubbeutel

Im Staubbeutel sammeln sich Staub und Schmutz. Für die meisten Staubsauger gibt es Papierbeutel, die weggeworfen werden, wenn sie voll sind.

Der Sog bewirkt, daß der Saft durch den Strohhalm zu deinem Mund aufsteigt.

Luftaustritt

Hier wird die Luft, die der Staubsauger einsaugt, wieder hinausgeblasen.

Filter

Der Filter läßt nur die Luft hindurch und fängt den mitgeführten Schmutz auf.

Motor

Der Motor treibt den Ventilator an, der sich mit einer Geschwindigkeit von etwa 25 000 Umdrehungen pro Minute dreht.

Ventilator

Der Ventilator stellt einen Sog her. Er zieht Luft durch die Düse ein und bläst sie durch den Luftaustritt wieder aus.

Für die Eltern

Wenn der vom Motor angetriebene Ventilator des Staubsaugers mit hoher Geschwindigkeit rotiert, wird Luft von außen durch die Düse und den Schlauch eingesaugt. Die eingesaugte Luft enthält Staub und Schmutzpartikel. Der erste aufrecht stehende elektrische Staubsauger kam 1907 in den Handel; mechanische Modelle waren bereits in den sechziger Jahren des 19. Jahrhunderts in Gebrauch. Die heutigen Staubsauger zeichnen sich durch eine kompakte Größe, Geräuscharmut und erhöhte Leistungsfähigkeit aus.

Wie mißt ein Thermometer die Temperatur?

Antwort Ein Thermometer enthält entweder Quecksilber oder Alkohol; ein Fieberthermometer enthält Quecksilber, ein Raumthermometer oft Alkohol. Beide Stoffe dehnen sich bei Erwärmung aus und steigen deshalb in der Glasröhre des Thermometers nach oben. Nun können wir auf der Skala ablesen, wie hoch die Temperatur gestiegen ist.

Alkohol dehnt sich aus, wenn die Temperatur ansteigt. Er zieht sich zusammen, wenn die Temperatur sinkt.

Verschiedene Thermometer

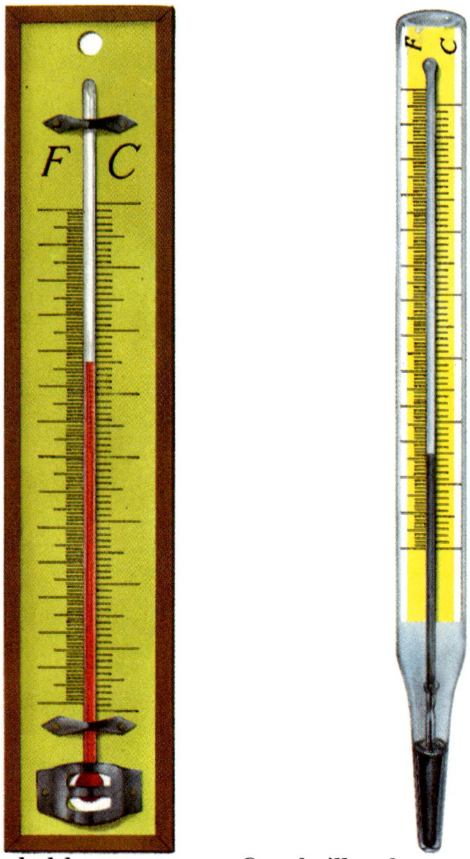

Alkoholthermometer Quecksilberthermometer

Warum müssen wir ein Fieberthermometer schütteln, damit das Quecksilber absinkt?

Bei einem Fieberthermometer sinkt die Quecksilbersäule nach dem Ansteigen nicht wieder ab. Das liegt daran, daß das Thermometer unten eine Verengung hat. Es muß geschüttelt werden, damit die Quecksilbersäule heruntergeht. Würde das Quecksilber mit der Raumtemperatur steigen oder absinken, würde sich die Säule in dem Moment, wo das Thermometer aus dem Körper genommen wird, verändern. Man könnte die Körpertemperatur nicht mehr feststellen.

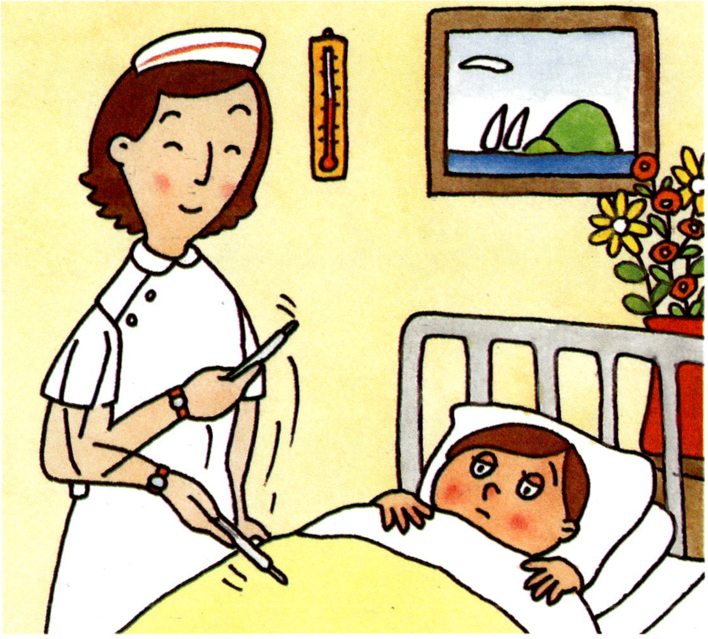

Grafische Darstellung der Körpertemperaturen

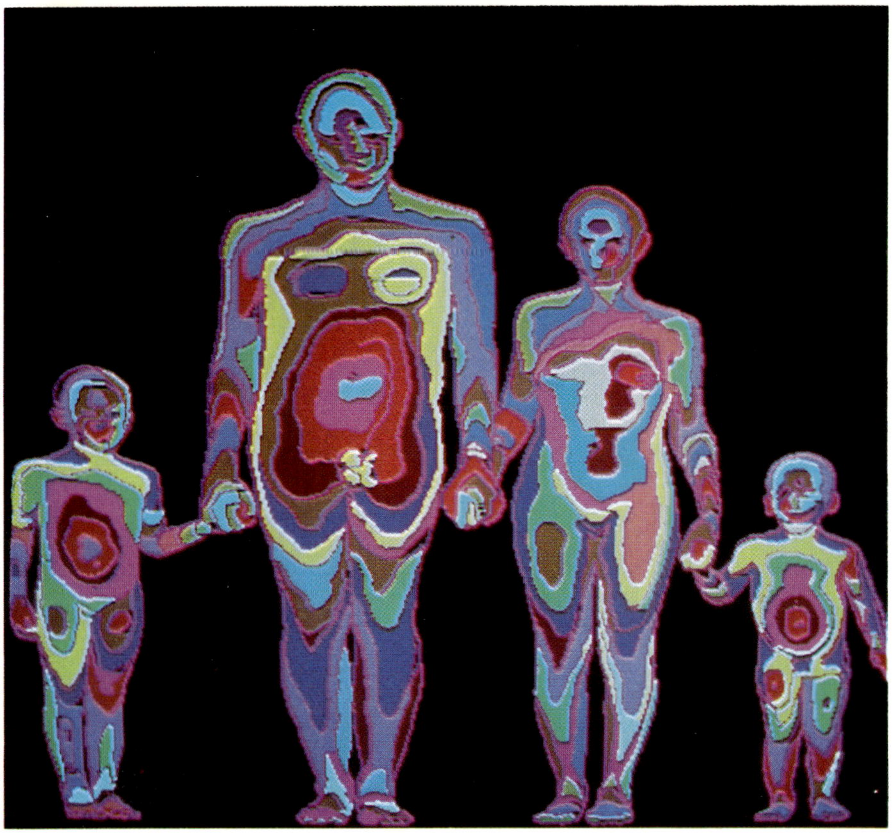

▲ Die Thermografie zeigt die unterschiedlichen Körpertemperaturen an.

Der menschliche Körper weist nicht an allen Stellen dieselbe Temperatur auf. Eine Thermografie, die von einer Art Computer erstellt wird, zeigt die verschiedenen Körpertemperaturen in unterschiedlichen Farben. Die Körperteile mit hoher Temperatur werden rot dargestellt, die mit niedriger blau.

• Für die Eltern

Thermometer funktionieren nach dem Prinzip, daß sich eine Substanz entsprechend den Temperaturschwankungen, denen sie unterworfen ist, ausdehnt oder zusammenzieht. Für die Herstellung von Thermometern werden Metalle, Gase und Flüssigkeiten verwendet. Am üblichsten sind Quecksilber und gefärbter Alkohol. In den meisten Ländern wird die Temperatur in Celsius gemessen: 0° C auf der Skala zeigt den Gefrierpunkt des Wassers an, 100° C den Siedepunkt. In den USA ist immer noch die Fahrenheit-Skala (32° F Gefrierpunkt, 212° F Siedepunkt) am gängigsten.

Warum sieht man auf einer Röntgenaufnahme nur die Knochen?

Antwort Um eine Röntgenaufnahme von einem Körperteil zu machen, werden Röntgenstrahlen durch ihn hindurchgeschickt und auf einem Film festgehalten. Röntgenstrahlen können die Knochen nicht durchdringen. Sie sind auf dem Film als helle Schatten zu erkennen.

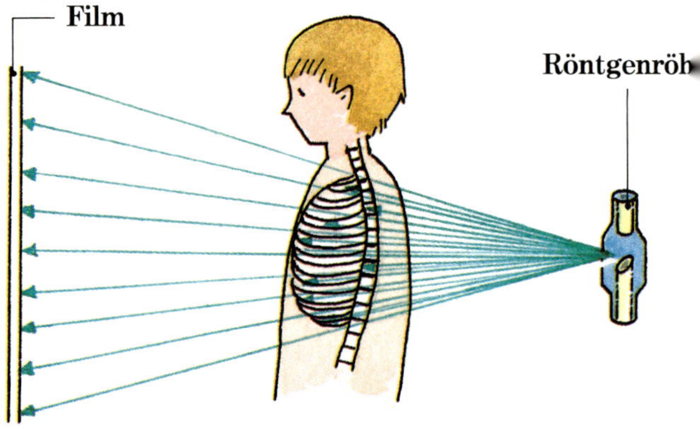

Im Gegensatz zu den weicheren Körperteilen lassen Knochen die Röntgenstrahlen nicht hindurch. Die Körperteile, die von den Strahlen durchdrungen werden, sind auf dem Film als schwarze Flächen zu sehen.

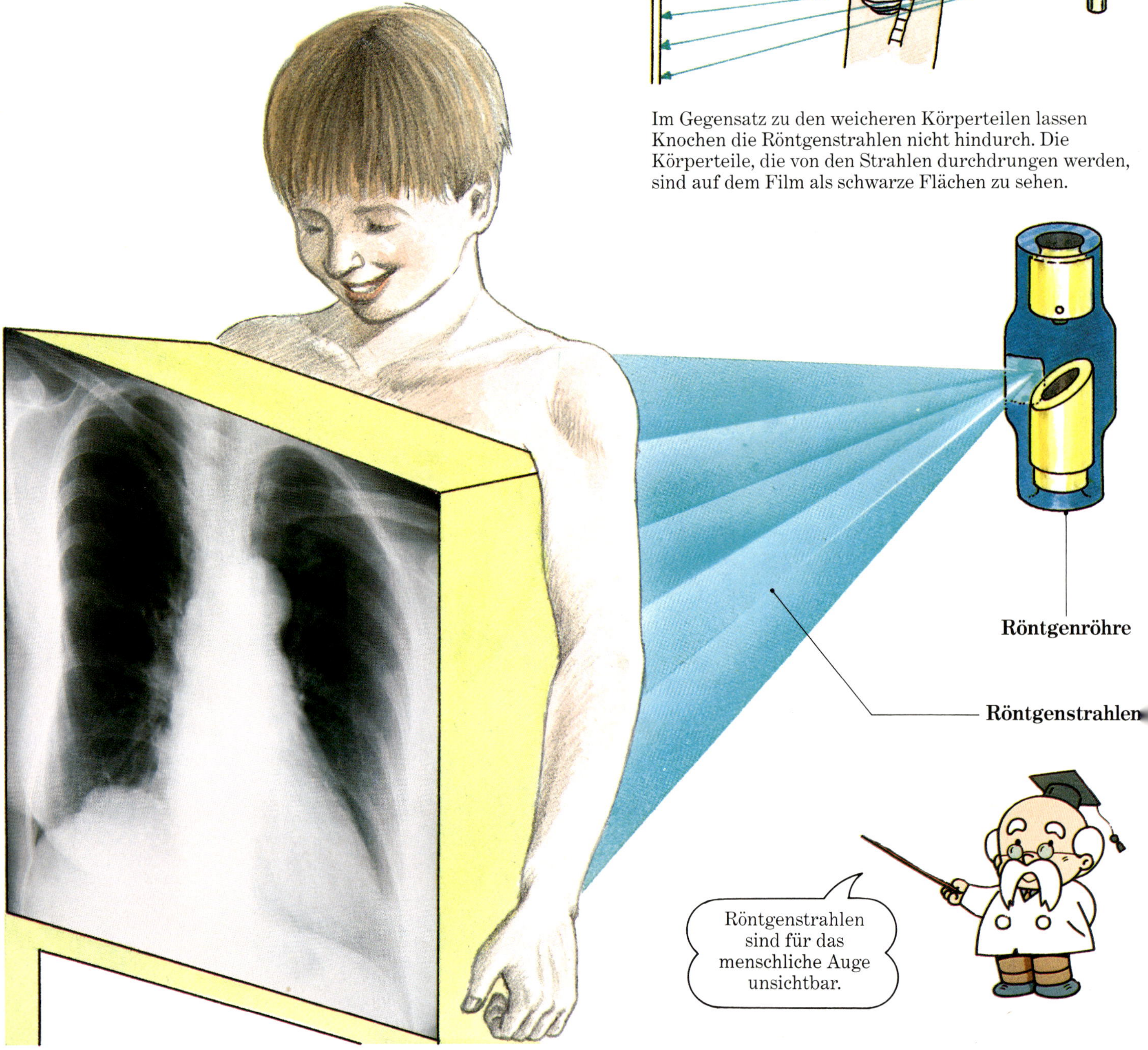

Dieses Röntgenbild sieht so aus, als sei es bereits entwickelt. In Wirklichkeit muß der Film aber noch entwickelt werden, damit man das Bild sehen kann.

Wie macht man eine Röntgenaufnahme vom Magen?

Der Patient, dessen Magen geröntgt werden soll, muß eine besondere Flüssigkeit trinken. Sie läßt die Röntgenstrahlen nicht hindurch. So entsteht dann ein Röntgenbild vom Magen.

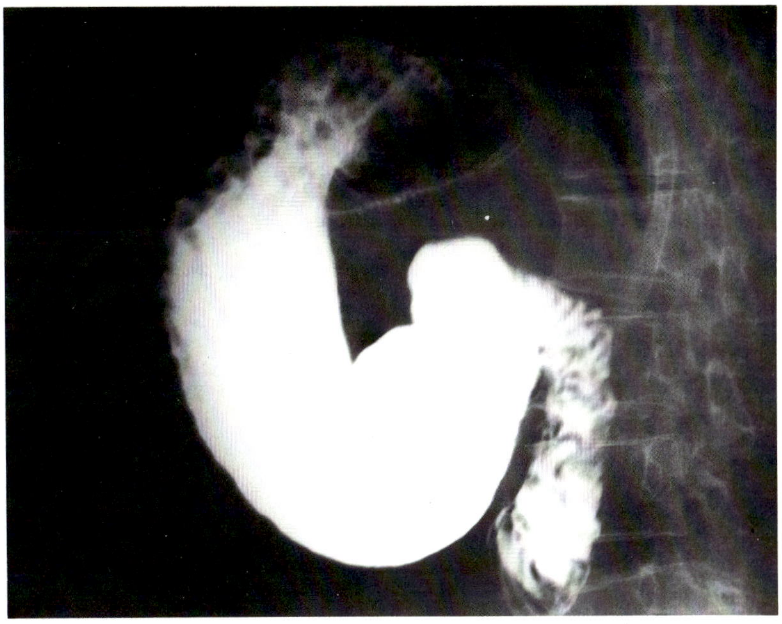

▲ Eine Röntgenaufnahme vom Magen. Mit einer Kontrastflüssigkeit können die Umrisse des Magens sichtbar gemacht werden.

Verschiedene Anwendungsmöglichkeiten für Röntgenaufnahmen

Wenn ein Bild übermalt wurde, kann das überdeckte Gemälde mit Hilfe einer Röntgenaufnahme sichtbar gemacht werden.

Macht man eine Röntgenaufnahme von einer Statue oder einer Skulptur, kann man in das Innere der Figur sehen, ohne sie zu beschädigen.

Mit einer Röntgenaufnahme kann man abgenutzte Inschriften auf antiken Schwertern oder anderen Kunstgegenständen wieder sichtbar machen.

● Für die Eltern

Röntgenstrahlen sind elektromagnetische Wellen, die Gegenstände mit leichten Atomen durchdringen. Knochen, die sich hauptsächlich aus Phosphor und Kalzium mit Atommassen von 15 bzw. 20 zusammensetzen, lassen die Röntgenstrahlen nicht hindurch. Sie durchdringen allerdings die inneren Organe, die vorwiegend aus Wasserstoff, Kohlenstoff und Sauerstoff mit Atommassen von 1, 6 und 8 bestehen.

Wie funktioniert eine Taschenlampe?

Antwort Eine Taschenlampe hat Batterien und eine Glühlampe. Wenn sie eingeschaltet wird, fließt der in den Batterien gespeicherte elektrische Strom in die Glühlampe, so daß sie leuchtet.

Batterien in verschiedenen Größen

Taschenlampenbatterien gibt es in unterschiedlichen Größen, aber alle haben nur 1,5 Volt. Je größer die Batterie, desto länger kann sie eine Taschenlampe, ein Kofferradio oder einen Kassettenrecorder mit Strom versorgen.

Verschiedene Lampen

Helmleuchte

Mit dieser Lampe auf dem Kopf hat man beide Hände frei.

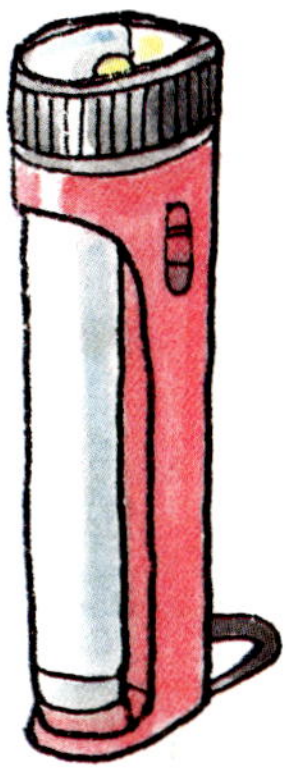

Leuchtstofflampe

Hierfür kannst du eine Leuchtstofflampe oder eine normale Glühlampe verwenden.

Radiolampe

Sie enthält ein kleines Radio.

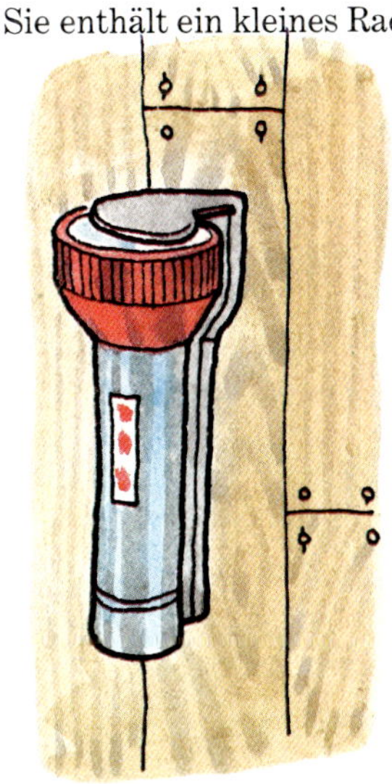

Notleuchte

Wenn du die Lampe aus der Halterung nimmst, geht sie automatisch an.

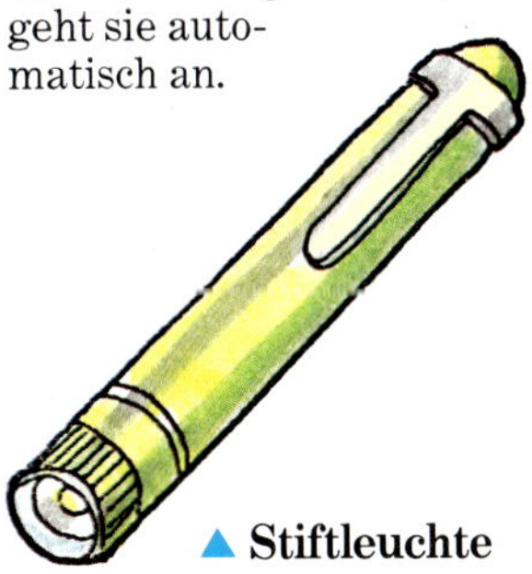

Stiftleuchte

Sie paßt in deine Tasche.

Für die Eltern

Da der Mechanismus einer Taschenlampe einfach ist und sie außerdem nur mit Schwachstrom arbeitet, ist sie gut geeignet, um die Funktionsweise elektrischer Geräte überhaupt zu erklären. Helfen Sie Ihrem Kind, die Batterien herauszunehmen und sie andersherum wieder einzusetzen, damit es feststellen kann, ob die Taschenlampe noch funktioniert. Erläutern Sie auch, wie der Stromkreis zwischen den Plus- und Minuspolen der Batterien zustande kommt.

Wie erzeugt eine Batterie Strom?

Antwort

Am oberen Ende einer Batterie befindet sich ein Pluszeichen, an ihrem unteren ein Minuszeichen. Sie kennzeichnen die beiden Elektroden, eine positive und eine negative. Diese sind durch eine chemische Substanz, den sogenannten Elektrolyten, getrennt. Gewöhnlich ist die positive Elektrode ein Kohlestab und die negative ein Zinkbecher. Verbindest du die beiden Elektroden mit einem Draht, fließen winzige Teilchen, die Elektronen, durch ihn hindurch: So entsteht elektrischer Strom.

Batterie

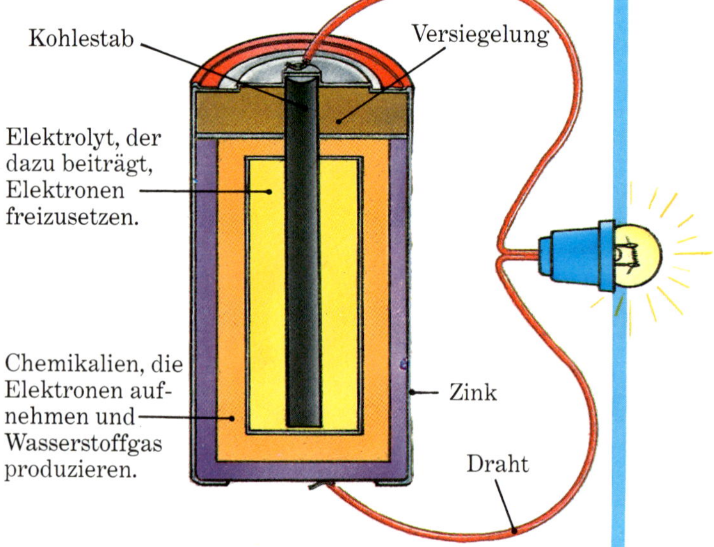

Mini-Info

Wenn du ein Zink- und ein Kupferplättchen in eine Zitrone steckst und sie mit einem Draht verbindest, kannst du die Zitrone in eine Batterie verwandeln. Atome auf der Oberfläche des Zinkplättchens werden durch die Zitronensäure zu positiven Ionen, die von der Frucht aufgenommen werden. Es bleiben Elektronen übrig, die durch den Draht zu dem Kupferplättchen fließen. Das Kupfer wird zur positiven Elektrode und das Zink zur negativen. Der Elektronenfluß durch den Draht erzeugt zwar nur schwache Elektrizität, doch ist sie mit einem Amperemeter oder mit einem Galvanometer meßbar.

Wie eine Batterie funktioniert

1 Zink reagiert mit dem Elektrolyten und spaltet zwei Elektronen ab.

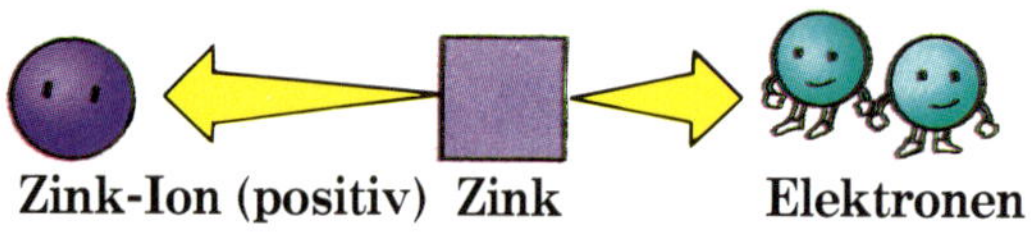

2 Die abgespaltenen Elektronen wandern durch den Draht zum Kohlestab, der positiven Elektrode.

3 Jedes Elektron verbindet sich mit einem Wasserstoff-Ion zu einer Wasserstoffgasblase.

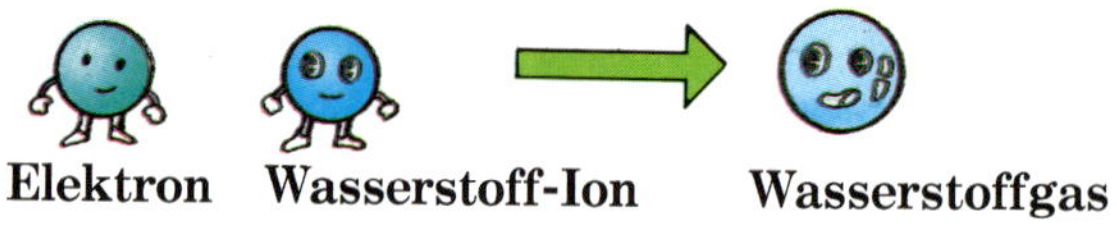

4 Das Wasserstoffgas verbindet sich mit dem Sauerstoff in den Chemikalien und bildet Wasser.

Der Strom

Eine Batterie funktioniert nur dann, wenn die beiden Pole miteinander verbunden sind. Bei einer Taschenlampe oder einem tragbaren Kasettenrecorder z. B. geschieht das, indem man einen Schalter drückt, der die Verbindung herstellt.

Für die Eltern

In einer Batterie findet eine chemische Reaktion statt, bei der Elektronen von der negativen Elektrode (der Anode) abgespalten werden und durch einen Draht zur positiven Elektrode (der Kathode) wandern. Diese Bewegung, die dazu dient, die Anzahl der Elektronen auszugleichen, nennen wir Elektrizität. Sie dauert, bis der Stromkreis unterbrochen wird oder eine Elektrode leer ist.

Wie funktioniert eine Fahrradlampe?

Antwort Ein Fahrrad hat einen Dynamo, dessen Antriebsrädchen einen der Reifen berührt. Innen hat der Dynamo einen Magneten. Wenn sich das Rad dreht, dreht sich auch der Magnet. Dadurch wird Strom für die Lampe erzeugt.

Das Innere eines Dynamos

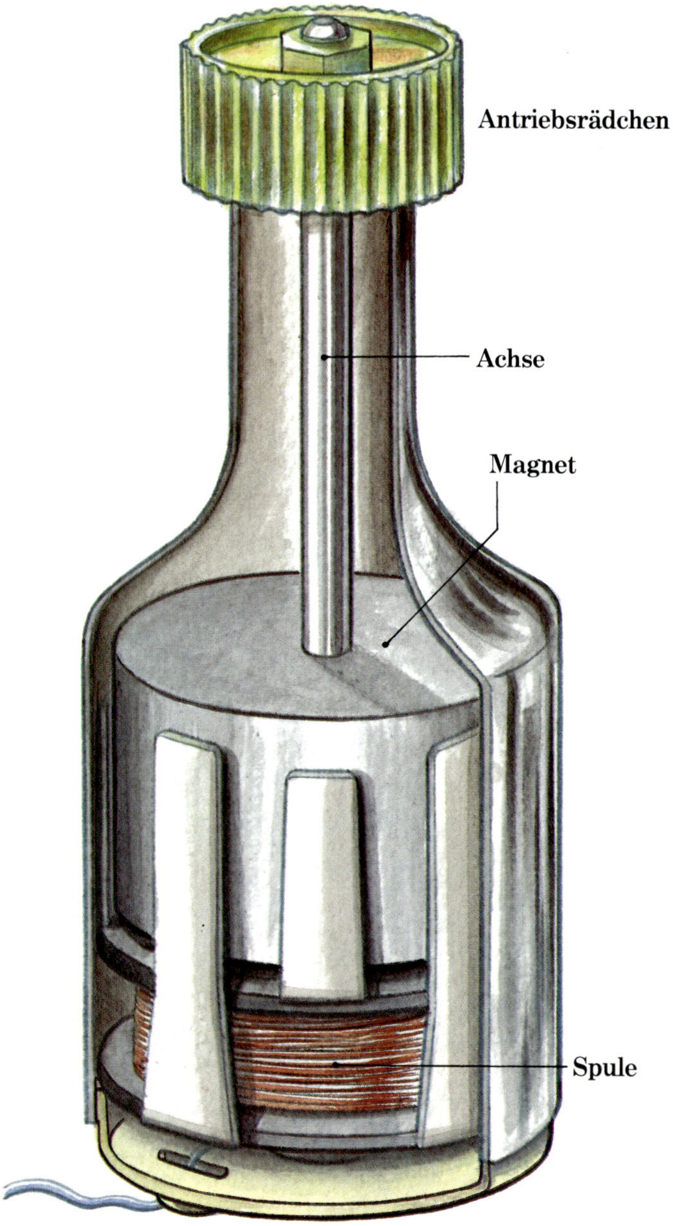

▲ Dynamo und Fahrradlampe

Wie elektrischer Strom erzeugt wird

Wenn du den Dynamo gegen den Reifen drückst und losradelst, dreht sich die Achse im Dynamo.

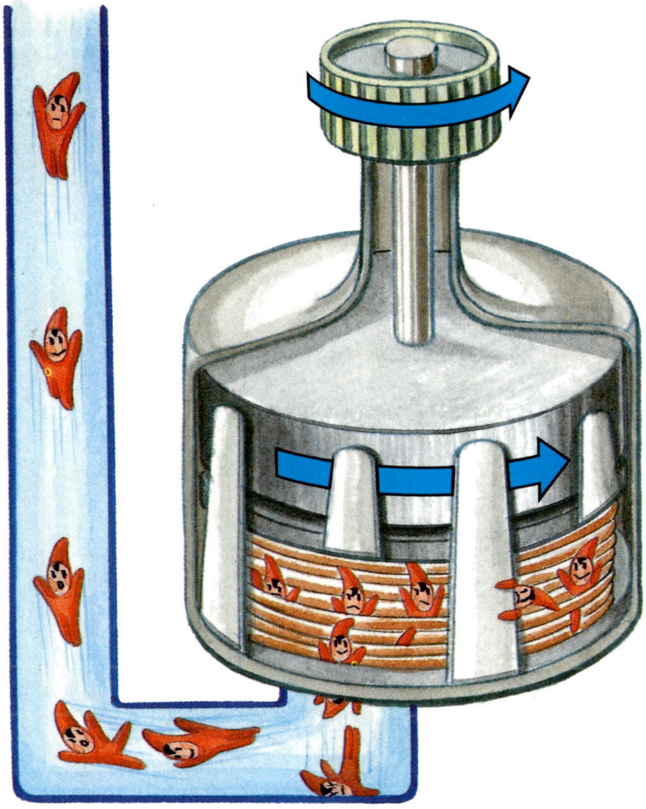

Am Ende der Achse befindet sich ein Magnet. Wenn sich der Magnet dreht, wird Strom in der Spule erzeugt.

Versuch's mal

Wenn du langsam radelst, dreht sich die Dynamoachse ebenfalls langsam. Es wird nur wenig Strom erzeugt, so daß die Lampe nur schwach leuchtet. Fährst du dagegen schneller, erzeugst du mehr Strom, und die Lampe leuchtet heller und heller.

Probier's mal zusammen mit einem Freund oder einer Freundin, aber auf einer ungefährlichen Strecke ohne Verkehr.

• Für die Eltern

Damit ein Fahrraddynamo elektrischen Strom erzeugen kann, müssen die Räder sich drehen. Dreht sich das Antriebsrädchen des Dynamos, so drehen sich auch die Dynamoachse und der damit verbundene Dauermagnet. Durch das Magnetfeld um den rotierenden Magneten wird in der Dynamospule Wechselstrom induziert. Gewöhnlich sind Dynamo und Fahrradlampe nur mit einem Draht verbunden, weil sie am Fahrradrahmen geerdet sind, so daß der Strom zurückfließen kann.

Warum leuchten manche Zifferblätter im Dunkeln?

Antwort

Zeiger und Ziffern sind mit besonderer Farbe überzogen, die ständig etwas Licht abgibt. Am Tag, wenn es hell ist, siehst du das nicht, doch nachts kannst du die Farbe leuchten sehen.

Prüf es nach

Laß Licht auf ein Zifferblatt fallen, das im Dunkeln nicht mehr leuchtet. Für eine Weile wird es wieder hell leuchten.

Warum Leuchtfarbe leuchtet

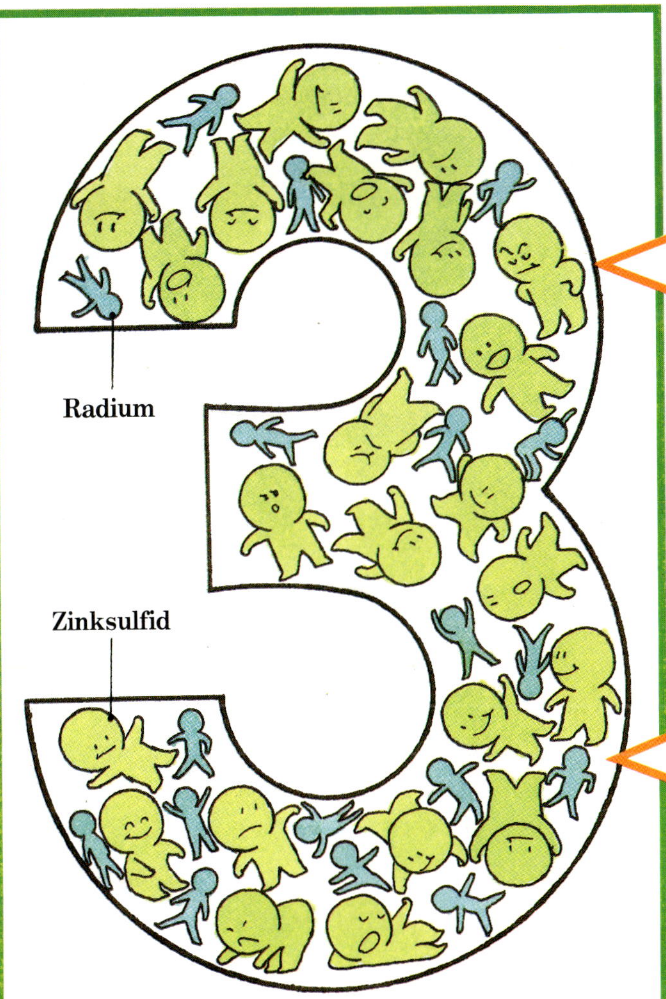

Leuchtfarbe enthält Zinksulfid und, wenn sie länger leuchten soll, auch Radium.

Wenn die Sonne scheint, speichert das Zinksulfid Energie.

Zinksulfid leuchtet nachts, wenn es die gespeicherte Energie freisetzt.

Radium gibt dem Zinksulfid mehr Energie, so daß es länger leuchtet.

Es gibt auch Armbanduhren mit Leuchtzifferblättern

▲ Bei Tageslicht kannst du nicht sehen, wie das Zifferblatt leuchtet.

▲ Im Dunkeln jedoch kannst du das Zifferblatt schwach leuchten sehen.

● Für die Eltern

Leuchtfarbe enthält Zinksulfidpulver und, wenn eine länger dauernde Leuchtkraft erforderlich ist, sehr geringe Mengen Radium; auf ein Teil Radium kommen etwa 1000 Teile Zinksulfid. Zinksulfid hat die Fähigkeit, einen Teil des Lichts, dem es ausgesetzt ist, zu speichern. Normalerweise würde es das gespeicherte Licht innerhalb von 20 Minuten wieder abgeben. Das wird jedoch durch das Radium verhindert, dessen Strahlung dem Zinksulfid mehr Energie verleiht. Leuchtfarbe mit Radium leuchtet ca. drei bis acht Jahre; ihre Leuchtkraft nimmt mit der nachlassenden Wirkung des Radiums ab.

Warum flackern Leuchtstofflampen beim Einschalten?

Antwort Wenn wir eine Leuchtstofflampe anschalten, wird eine Elektronenentladung in der Röhre in Gang gesetzt. Dabei fließt elektrischer Strom vom einen Ende der Röhre zum anderen, aber nicht sofort gleichmäßig; deshalb flackert die Lampe, bevor sie angeht.

Schaltbild einer Leuchtstofflampe

Eine Leuchtstofflampe hat an jedem Ende einen elektrischen Pol. Zwischen diesen beiden Polen findet die Entladung statt. Dabei fließen kleine, unsichtbare Teilchen, die Elektronen, von einem Pol zum anderen und stoßen mit dem in der Lampe enthaltenen Quecksilberdampf zusammen. Die ultravioletten Strahlen, die dabei entstehen, bringen den Leuchtstoff in der Lampe zum Leuchten.

Ein Starter und eine Drosselspule sind notwendig, damit die Lampe angeht. Sie setzen die Entladung in Gang und sorgen ebenfalls dafür, daß sie andauert.

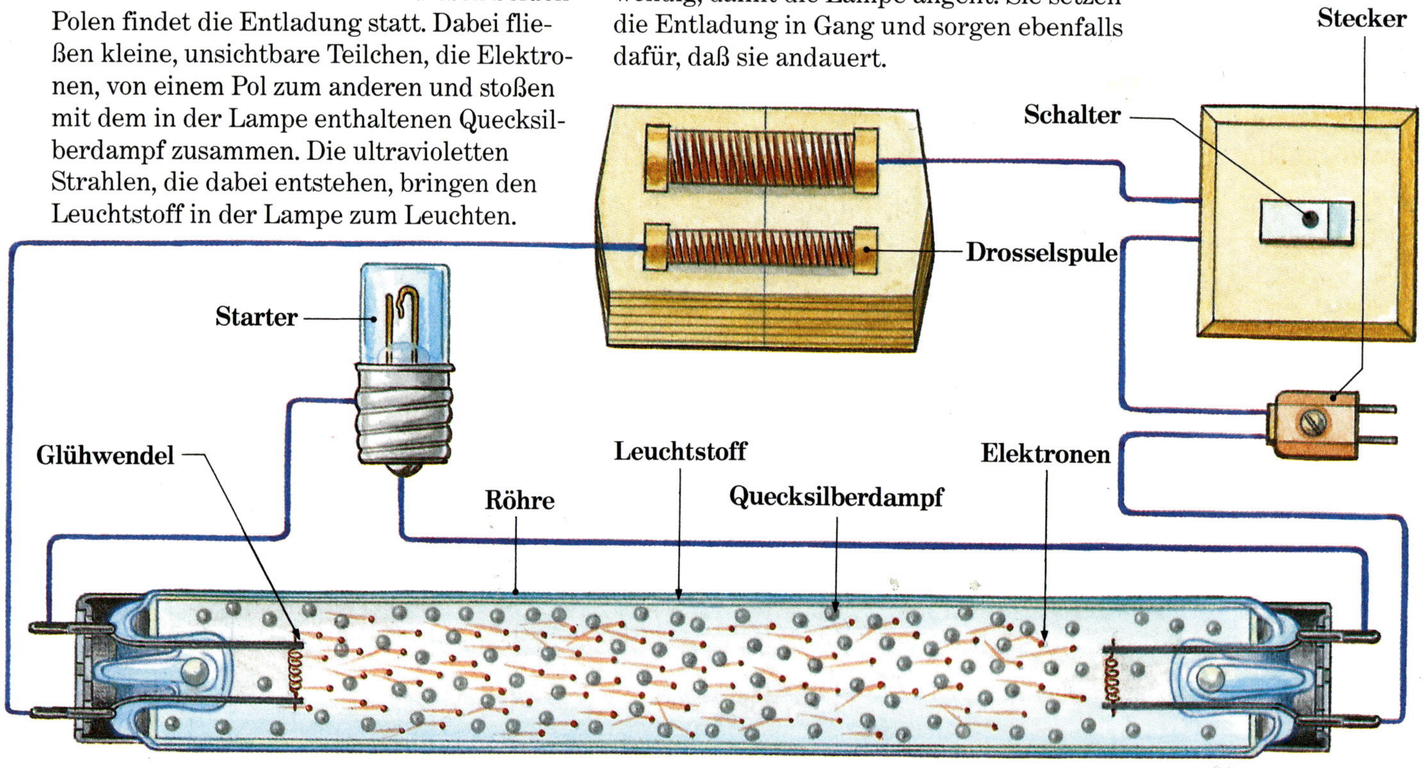

Wie eine Leuchtstofflampe angeht

Durch Anknipsen des Schalters fließt im Starter ein schwacher Strom. Dadurch erhitzen sich die beiden Pole im Starter und biegen sich zueinander.

Der starke Strom, der zu den Glühwendeln in der Röhre fließt, bewirkt, daß diese sich erhitzen und Elektronen ausstoßen. Dadurch fließt Strom durch die Röhre.

Die wieder getrennten Pole im Starter bewirken durch einen Spannungsstoß, daß die Drosselspule nun den Elektronenausstoß an den Glühwendeln aufrechterhält.

Warum ist das Licht von Leuchtstofflampen weiß?

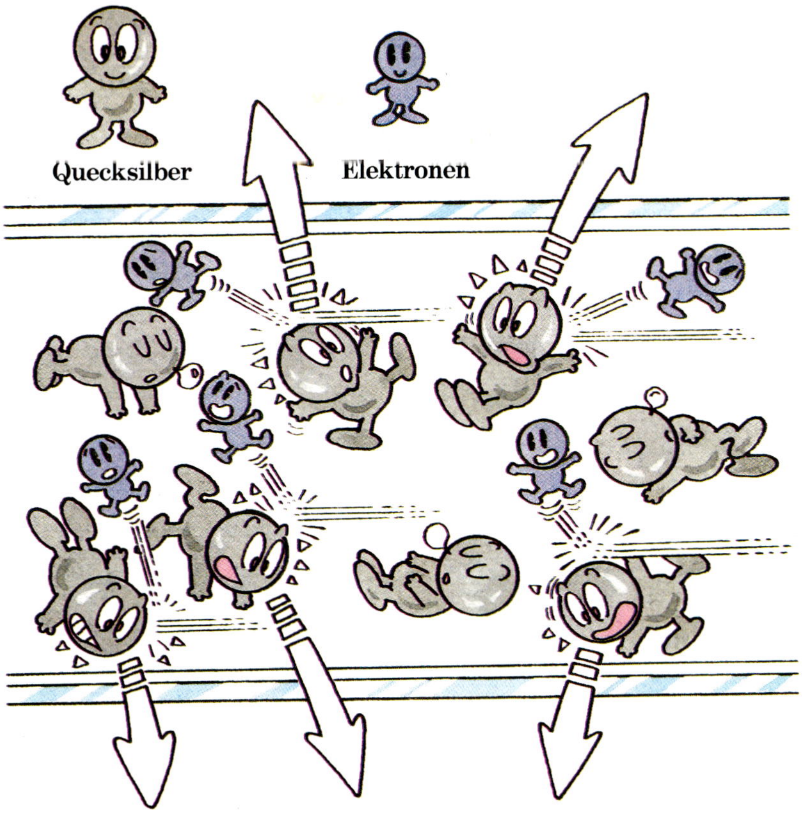

Leuchtstofflampen enthalten Quecksilberdampf. Wenn der Elektronenausstoß an den Glühwendeln beginnt, stoßen die hin und her fliegenden Elektronen mit den Quecksilberatomen zusammen. So entstehen ultraviolette Strahlen, die unsichtbar sind. Sobald sie jedoch mit dem Leuchtstoff, mit dem die Innenseite der Röhre überzogen ist, in Berührung kommen, verwandeln sie sich in weißes Licht.

Für die Eltern

Eine Leuchtstofflampe leuchtet nicht sofort nach dem Anschalten auf, da zunächst nur eine Glimmentladung im Starter stattfindet. Wenn die bimetallischen Pole im Starter heiß genug sind, schließt sich der Kontakt, und es fließt starker Strom zu den Glühwendeln. Damit verbunden ist eine Emission von Elektronen, die die Quecksilberatome zur UV-Strahlung anregen. Nach der Glimmentladung trennen sich die Pole wieder; dieser Vorgang erzeugt in der Drosselspule einen Spannungsstoß, der zu einem Aufleuchten der Röhre führt. Dieser Vorgang wiederholt sich ein paarmal, bis der Stromfluß in der Röhre konstant ist.

Warum ist eine Leuchtreklame bunt?

Antwort Eine Leuchtreklame ist, wie die Leuchtstofflampe, eine Röhre, in der eine Entladung stattfindet. Sie ist aber nicht mit Quecksilberdampf, sondern mit einem Gas, etwa Neon oder Argon gefüllt; deshalb heißt sie auch Neonröhre. Bei der Entladung treffen die Elektronen in der Neonröhre auf das Neon oder Argon: Dadurch entsteht rotes bzw. blaues Licht. Dieses Licht erzeugt in Verbindung mit buntem Glas die verschiedenen farbenprächtigen Leuchtreklamen.

Wenn Neon leuchtet

Das in einer Neonröhre enthaltene Gas Neon ist für das bloße Auge unsichtbar. Es setzt sich aus winzigen Teilchen, den sogenannten Atomen, zusammen. Trifft ein Elektron, das viel kleiner ist als ein Atom, auf ein Atom, so entlädt dieses ein wenig Licht.

Farbige Neonröhren

Eine grüne Röhre

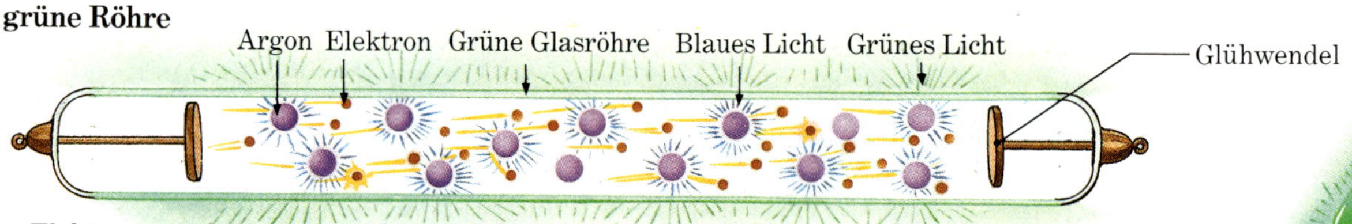

Treffen Elektronen auf Argon, entsteht blaues Licht, das durch gelbes oder grünes Glas grün aussieht.

Eine rote Röhre

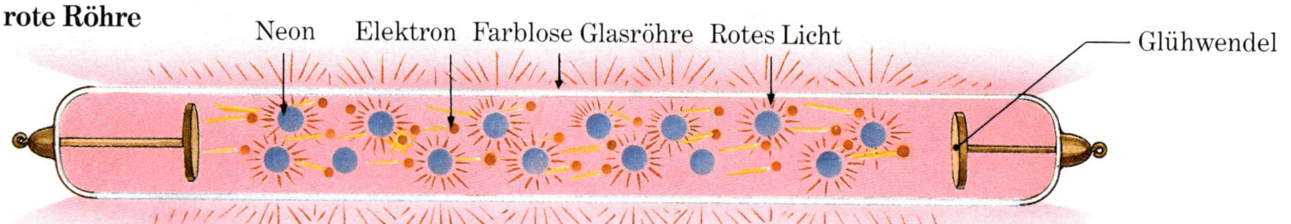

Wenn Elektronen auf Neon treffen, entsteht rotes Licht. Da die Röhre durchscheinend ist, bleibt das Licht rot.

Eine blaue Röhre

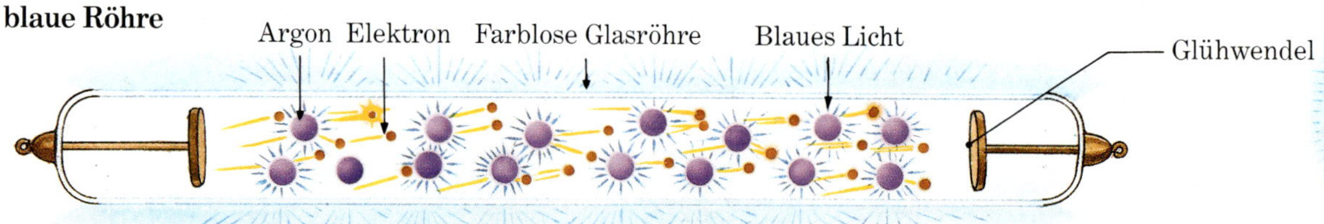

Wenn Elektronen auf Argon treffen, entlädt es blaues Licht. Da die Glasröhre farblos ist, bleibt das Licht blau.

▲ **Neon-Verzierung.** Hier entstand ein farbiges Muster.

▲ **Neon-Cowboy.** Eine phantasievolle Leuchtreklame.

Für die Eltern

Wenn ein Elektron mit einem Neonatom zusammenstößt, gibt dieses für einen Moment helles Licht ab. Ursache dafür sind Elektronen, die vom Glühwendel der Neonröhre produziert werden und die Elektronen, die um den Neonkern kreisen, verdrängen. Kehren die verdrängten Elektronen wieder in ihre ursprüngliche Bahn zurück, wird die Energie, die noch übrigbleibt, in Form von rotem Licht (Neon) oder blauem Licht (Argon) entladen.

Wie funktioniert eine Rolltreppe?

Antwort Wenn du dich auf die Stufe einer Rolltreppe stellst, trägt sie dich nach oben oder nach unten. Sobald die Stufe das Ende der Treppe erreicht hat, klappt sie flach zusammen und läuft an den Anfang der Treppe zurück.

▲ Eine Rolltreppe in einem Kaufhaus

Und wie funktioniert ein Aufzug?

Ein Aufzug hat einen Fahrkorb, in dem die Fahrgäste befördert werden, und ein Gewicht, das das Gegengewicht zum Fahrkorb bildet. Fahrkorb und Gewicht sind durch ein Stahlseil verbunden.

▲ **Sears Tower.** Dieses Gebäude in Chicago ist das höchste der Welt. Es hat 110 Stockwerke und 103 Aufzüge.

● Für die Eltern

Eine Rolltreppe legt in der Minute zwischen 25 und 35 m zurück und kann, je nach Breite der Stufen, bis zu 8000 Menschen in der Stunde befördern. Ihre Förderkapazität pro Stockwerk ist einige Male höher als die eines Aufzugs. Die Sicherheit von Aufzügen ist durch verschiedene Vorkehrungen gewährleistet. So gibt es z. B. eine Notbremsvorrichtung, die verhindert, daß der Fahrkorb herunterfällt, wenn das Stahlseil reißt.

Warum fahren wir beim Rudern rückwärts?

Antwort Ein Ruderboot hat gewöhnlich zwei Riemen. Der Ruderer hält in jeder Hand einen. Damit das Boot so leicht wie möglich vorwärts gleitet, muß die Kraft des Ruderers vollständig auf die Enden der Riemen – die Blätter – übertragen werden. Das geht am besten, wenn man die Riemen zieht und nicht drückt. Dafür muß man mit dem Rücken in Fahrtrichtung sitzen.

Es ist gefährlich, sich in einem Boot hinzustellen, weil es leicht kentert!

Andere Boote

▲ **Kajak.** Das Paddel hat an jedem Ende ein Blatt, und man blickt in Fahrtrichtung.

So wird gerudert

▲ **Kanadier.** Es wird in Hockstellung mit einem einseitigen Paddel gefahren, und man sieht nach vorn.

Für die Eltern

Anhand des Ruderns läßt sich das Prinzip des Hebelgesetzes erläutern. Der Riemen ist der Hebel. Der Punkt, wo der Riemen am Boot angebracht ist, ist der Drehpunkt. Der Punkt, wo die Kraft aufgewendet wird, ist der Kraftpunkt. Der Punkt, wo der Riemen ins Wasser taucht, ist der Angriffspunkt. Bei einem Rennruderboot ist das Ende des Riemens der Drehpunkt, und der Punkt, wo der Riemen am Boot angebracht ist, der Angriffspunkt. Kanus dagegen werden mit dem Blick nach vorn gefahren; es gibt Kajaks mit Doppelpaddel und Kanadier mit einseitigem Paddel.

Wie funktioniert ein Automotor?

Antwort In den Zylindern des Motors verbrennen Benzin und Luft. Dadurch bewegen sich die Kolben auf und ab. Über die Pleuelstangen wird diese Kraft zur Kurbelwelle geleitet und von dort über das Getriebe und die Kardanwelle zur Achse. Die Achse, an der die Räder angebracht sind, dreht sich, und das Auto fährt.

Ein Automotor

Dies ist ein großer Motor. Seine acht Zylinder und Kolben sind wie der Buchstabe „V“ angeordnet. Er heißt daher V-8-Motor.

Wie ein Viertaktmotor funktioniert

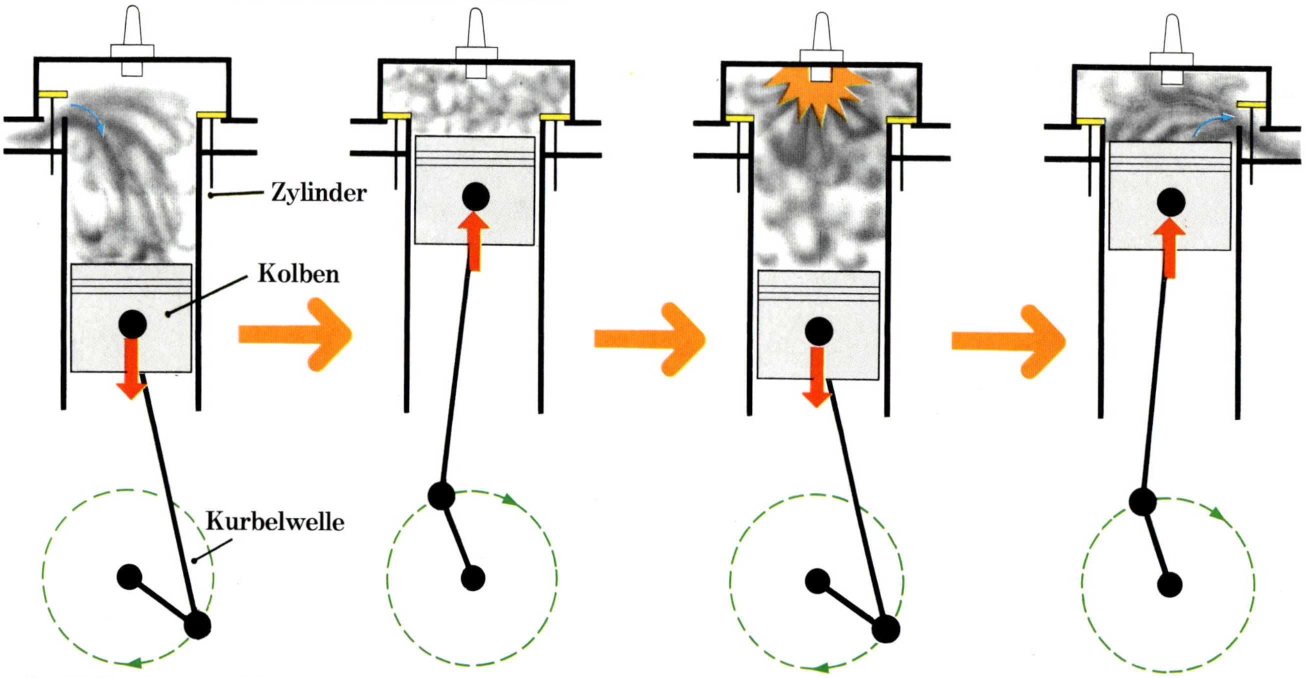

Der Kolben bewegt sich nach unten und zieht ein Gemisch aus Luft und Benzin in den Zylinder.

Der Kolben bewegt sich wieder nach oben und drückt das Benzin-Luft-Gemisch zusammen.

Das zusammengepreßte Gemisch wird entzündet. Dadurch wird der Kolben nach unten gedrückt.

Der Kolben geht nach oben und drückt die Abgase des verbrannten Benzins aus dem Zylinder.

Für die Eltern

Automotoren sind Verbrennungsmotoren, bei denen ein Benzin-Luft-Gemisch in den Zylindern zur Explosion gebracht wird. Der hier abgebildete Motor ist ein Kolbenmotor. Die in den Zylindern durch das Auf und Ab der Kolben erzeugte Kraft wird durch die Kurbelwelle in eine Drehbewegung umgewandelt. Der Viertaktmotor arbeitet in vier Phasen – Ansaugen, Verdichten, Zünden und Ausstoßen –, die bei je zwei Kurbelwellenumdrehungen ablaufen. Auch Wankelmotoren sind Verbrennungsmotoren. An Stelle von Hubkolben haben sie jedoch einen Drehkolben. Die Drehbewegung des Kolbens wird durch das explodierende Benzingemisch erzeugt und direkt auf die Räder des Autos übertragen.

Warum hat ein Schaufelbagger soviel Kraft?

Antwort Ein Schaufelbagger hat einen sehr starken Motor. Der Motor hat eine mit Öl gefüllte Pumpe, die drückt und zieht, so daß die Schaufel Erde aufnehmen und auf Lastwagen verladen kann.

Wie werden Arm und Schaufel bewegt?

Kräftige Zylinder sorgen dafür, daß sich der Arm und die Schaufel bewegen. Sie funktionieren etwa so wie die Muskeln in deinen Armen und Händen.

Wird Zylinder 1 bewegt, geht der Ausleger auf und ab. Zylinder 2 überträgt die Kraft auf den Arm. Ist Zylinder 3 in Betrieb, geht die Kraft auf die Schaufel über, und sie gräbt den Boden auf.

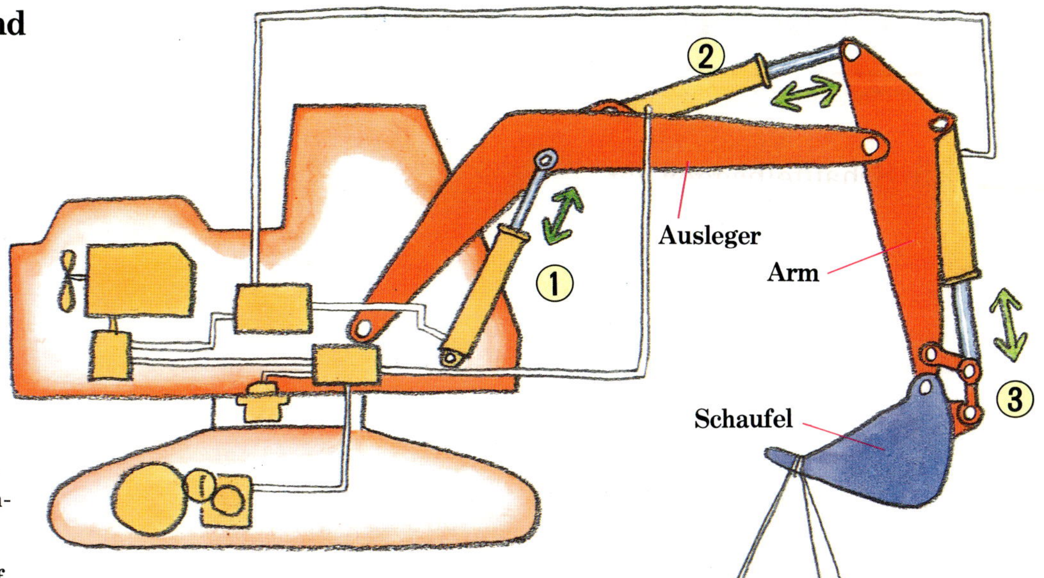

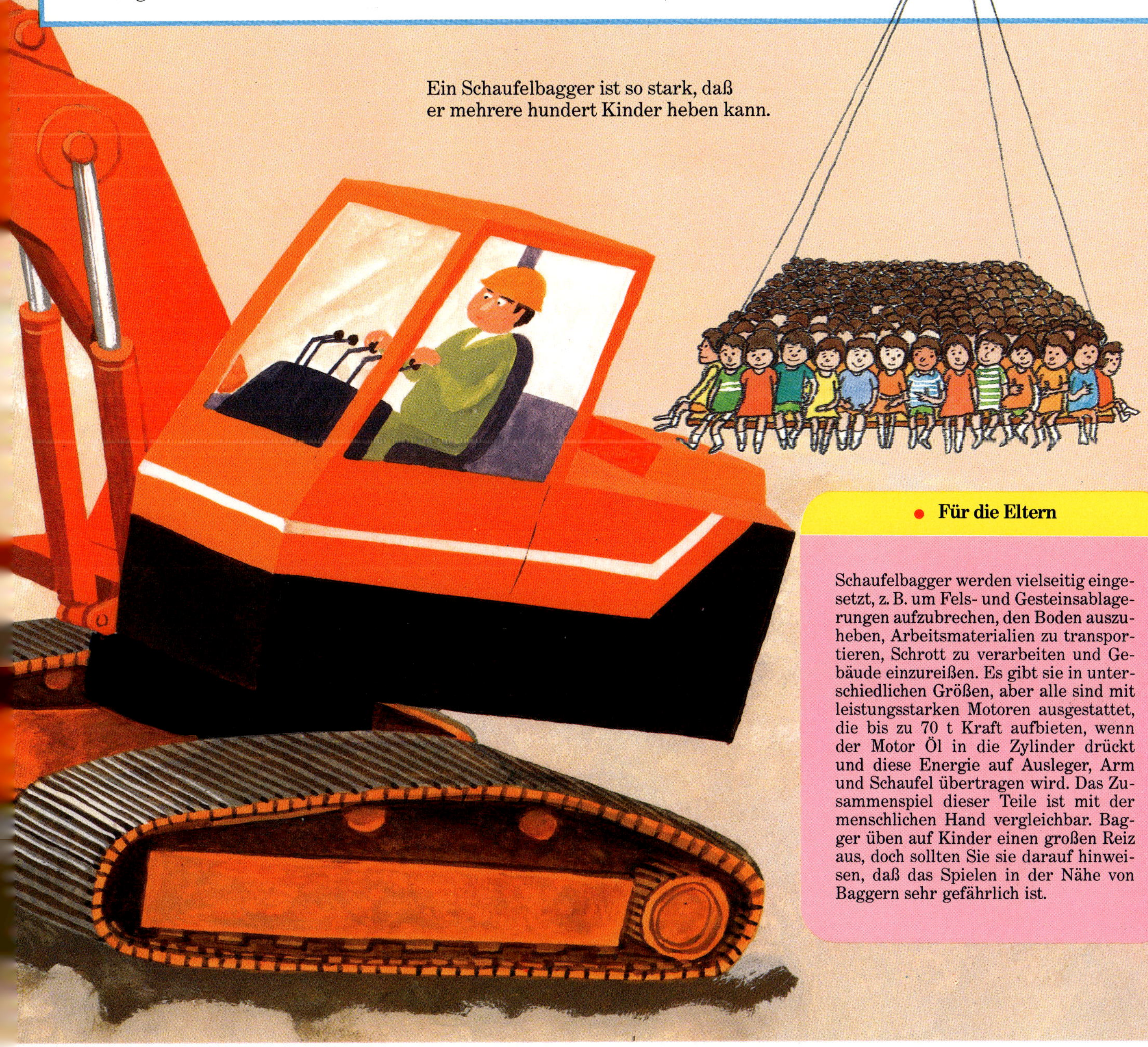

Ein Schaufelbagger ist so stark, daß er mehrere hundert Kinder heben kann.

● Für die Eltern

Schaufelbagger werden vielseitig eingesetzt, z. B. um Fels- und Gesteinsablagerungen aufzubrechen, den Boden auszuheben, Arbeitsmaterialien zu transportieren, Schrott zu verarbeiten und Gebäude einzureißen. Es gibt sie in unterschiedlichen Größen, aber alle sind mit leistungsstarken Motoren ausgestattet, die bis zu 70 t Kraft aufbieten, wenn der Motor Öl in die Zylinder drückt und diese Energie auf Ausleger, Arm und Schaufel übertragen wird. Das Zusammenspiel dieser Teile ist mit der menschlichen Hand vergleichbar. Bagger üben auf Kinder einen großen Reiz aus, doch sollten Sie sie darauf hinweisen, daß das Spielen in der Nähe von Baggern sehr gefährlich ist.

Warum kann ein Kran so schwere Dinge heben?

Antwort Ein Kran arbeitet mit Flaschenzügen und Zahnrädern und braucht zum Heben nur wenig Kraft.

Ein Flaschenzug

▼ Es ist nicht leicht, dies mit den Händen zu heben.

◀ Viel leichter läßt es sich mit einem Flaschenzug heben.

◀ Dieselbe Last läßt sich mit einem solchen Flaschenzug noch leichter heben.

Wie hoch verschiedene Gewichte gehoben werden können

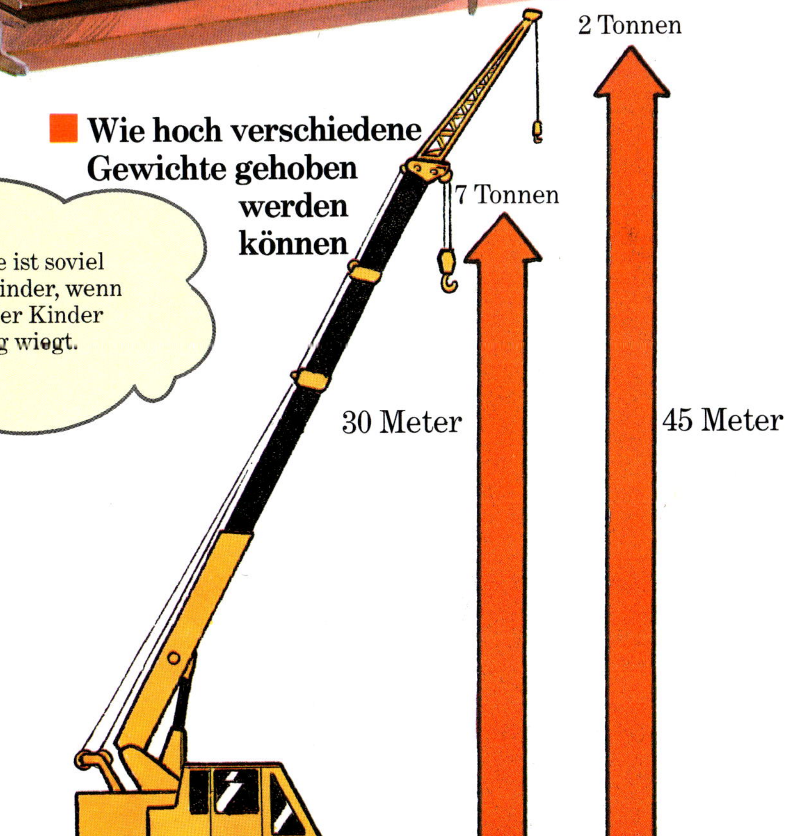

Für die Eltern

Ein Kran ist eine Maschine, die mit wenig Kraftaufwand schwere Lasten heben oder seitlich bewegen kann. Seine Rollen, Räder und kleinen und großen Zahnräder arbeiten nach dem Prinzip des Hebelgesetzes. Mit einem gewöhnlichen Kran können Lasten in große Höhen gehoben werden. Kräne gibt es in den verschiedensten Ausführungen – transportable, selbstfahrende und fest verankerte. Sie bieten vielseitige Verwendungsmöglichkeiten; die meisten werden wohl auf dem Bau eingesetzt.

Wie funktionieren die Bremsen bei einem Zug?

Antwort

Der Lokomotivführer betätigt die Bremse mit der Hand, damit der Zug anhält. Die Bremse arbeitet mit zusammengepreßter Luft. Wird der Bremshebel gedreht, strömt Preßluft in die Bremszylinder und übt Druck auf sie aus. Dadurch wird der Bremsklotz so bewegt, daß die Räder sich langsamer drehen oder anhalten.

Der Lokomotivführer bringt seinen Hebel mit, wenn er in den Zug steigt, und setzt ihn ein, sobald er Platz genommen hat. Nach Ende der Fahrt nimmt er ihn dann einfach wieder mit.

Bremsanlage

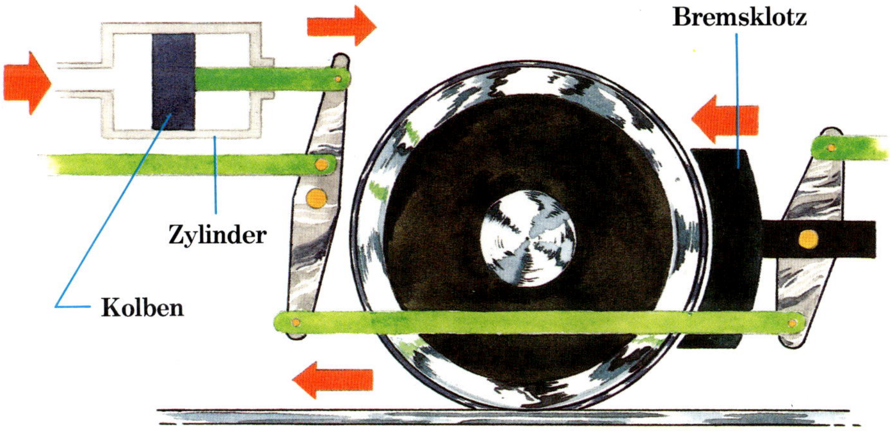

Wenn zusammengepreßte Luft in den Zylinder gelangt, drückt sie gegen den Kolben. Die Bewegung des Kolbens wird durch das Bremsgestänge auf den Bremsklotz übertragen, der gegen das Rad drückt, es verlangsamt und zum Halten bringt.

Scheibenbremsanlage

Bei diesem System können die Räder, wenn die Bremsklötze direkt dagegendrücken, heißlaufen und beschädigt werden. Um das zu vermeiden, drückt der Bremsklotz gegen eine Scheibe, die an der Achse befestigt ist.

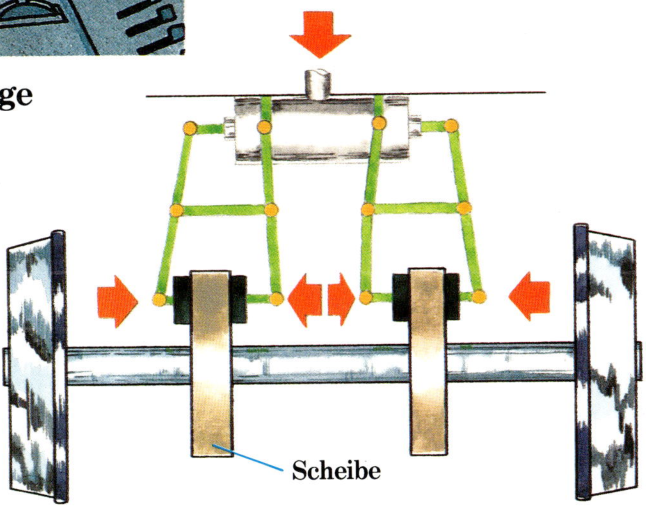

Luft kann viel

Wenn Luft in einen engen Raum gepreßt wird, drückt sie in alle Richtungen. Druckluftbremsen machen sich diese Kraft zunutze.

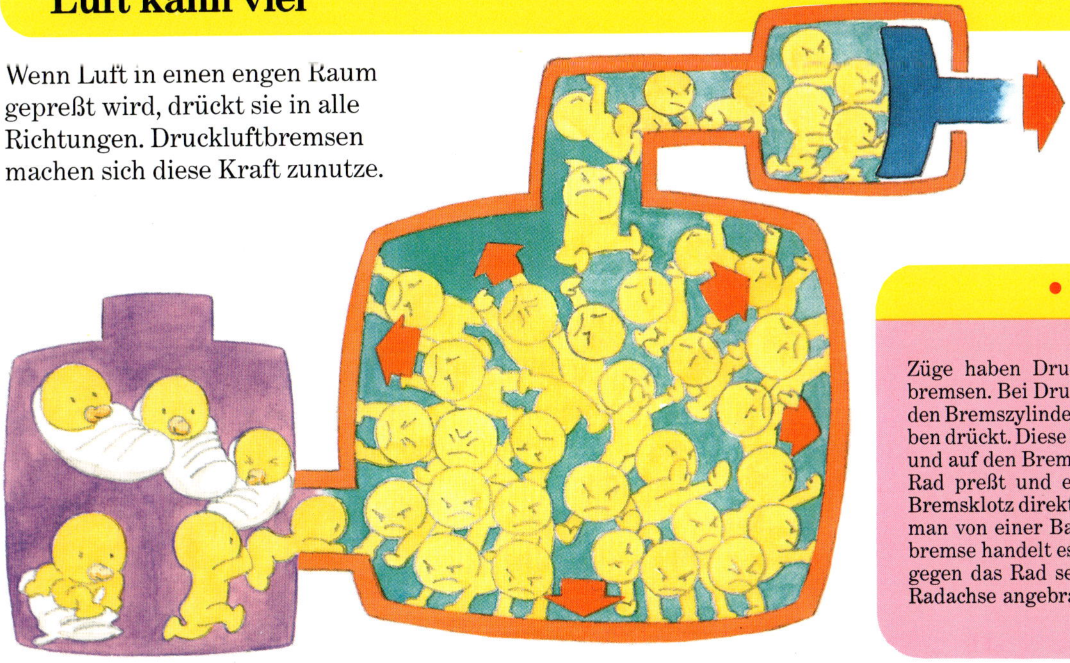

Für die Eltern

Züge haben Druckluft-, elektrische oder Handbremsen. Bei Druckluftbremsen wird Druckluft in den Bremszylinder geleitet, wo sie gegen einen Kolben drückt. Diese Kraft wird durch Hebel verstärkt und auf den Bremsklotz übertragen, der gegen das Rad preßt und es zum Halten bringt. Wird der Bremsklotz direkt gegen das Rad gedrückt, spricht man von einer Backenbremse. Um eine Scheibenbremse handelt es sich, wenn der Bremsklotz nicht gegen das Rad selbst, sondern gegen eine an der Radachse angebrachte Scheibe drückt.

Was passiert mit alten Autos?

Antwort Wenn ein Auto nicht mehr benutzt werden kann, weil es kaputt oder zu alt ist, wird es zu einem großen Metallwürfel gepreßt. Die Maschine, die das macht, heißt Schrottpresse. Der Würfel wird dann eingeschmolzen und zu anderen Metallprodukten verarbeitet.

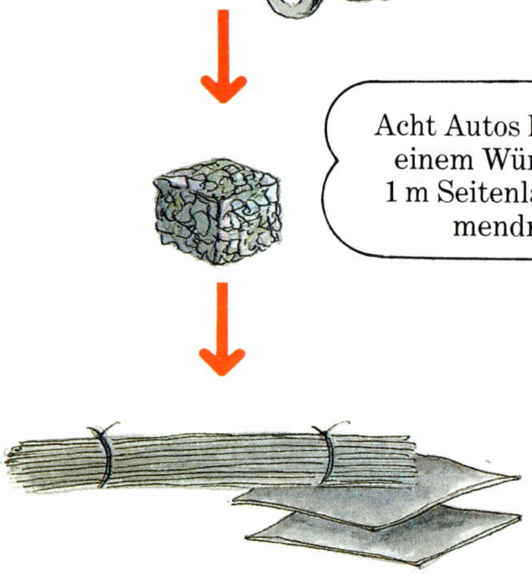

Autos werden zusammengedrückt (von oben gesehen)

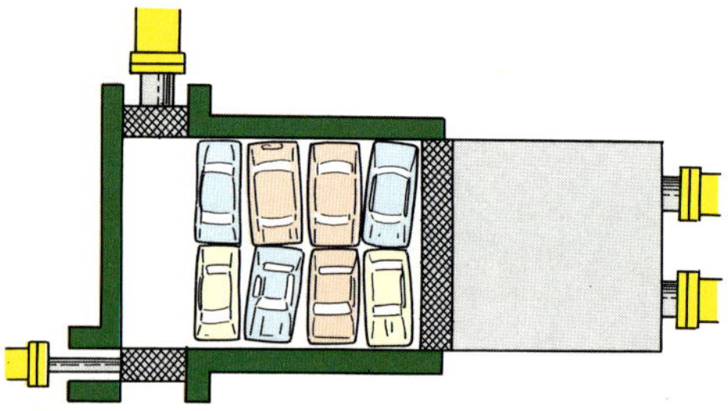

Die Autowracks kommen in den Kompressionsraum.

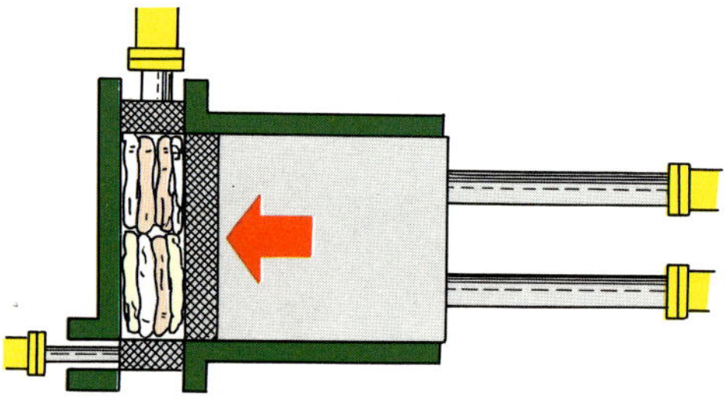

Der Hauptzylinder preßt die Autos mit einer Kraft von 2000 t zusammen.

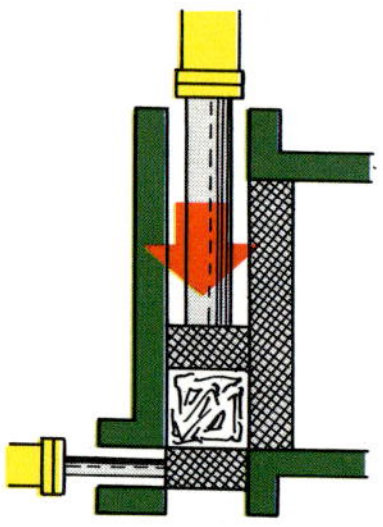

Bis zu 1600 t Kraft kann dieser Zylinder aufbringen.

Der Vorgang

Der erste Schritt: Ein Kran hebt das Auto in die Box.

Das Auto wird in den Kompressionsraum gekippt.

Ein Deckel verschließt den Kompressionsraum.

Das Auto wird vom Hauptzylinder zusammengedrückt.

Der Preßzylinder kommt von der Seite.

Der Metallwürfel verläßt den Kompressionsraum.

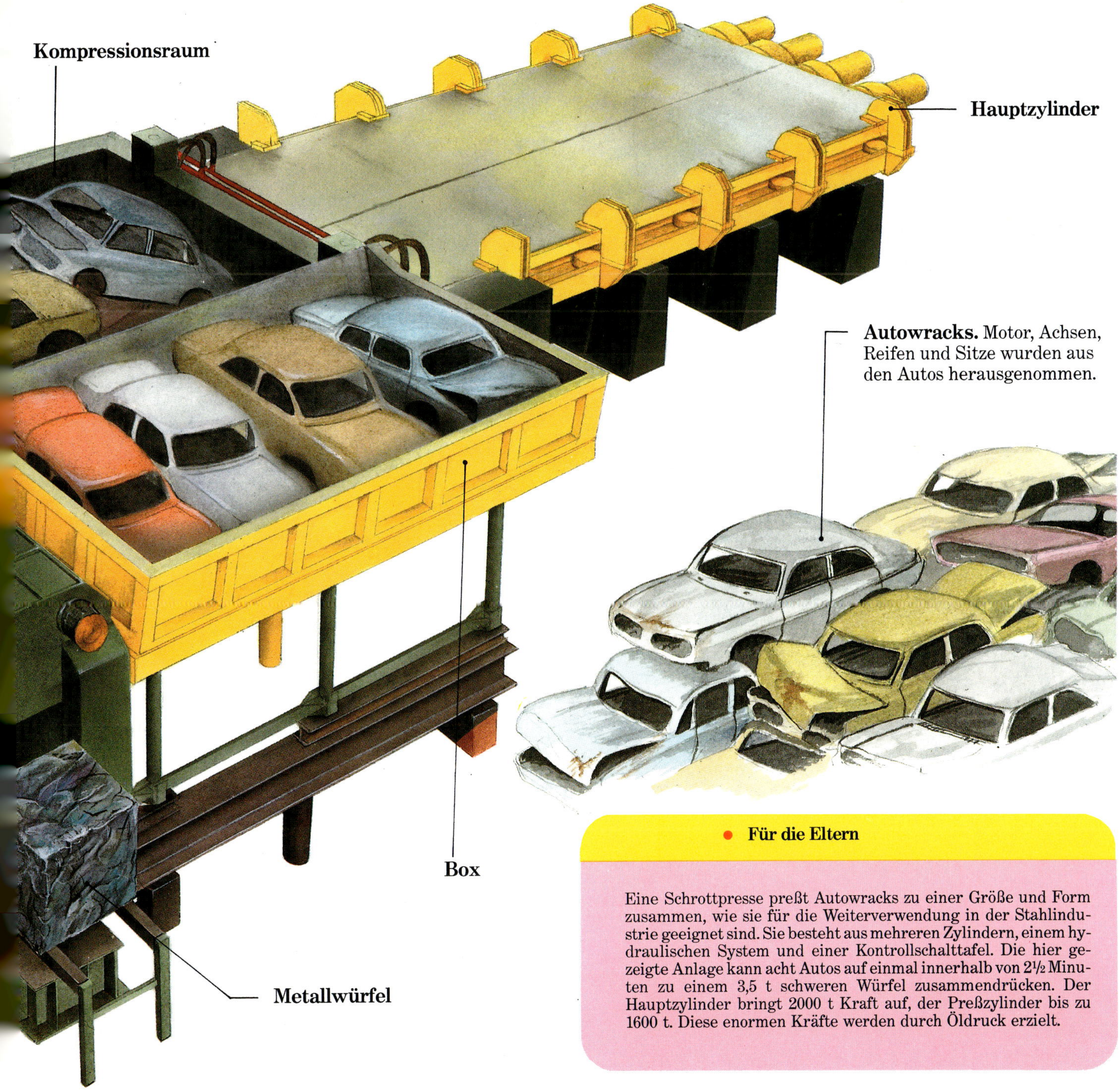

● Für die Eltern

Eine Schrottpresse preßt Autowracks zu einer Größe und Form zusammen, wie sie für die Weiterverwendung in der Stahlindustrie geeignet sind. Sie besteht aus mehreren Zylindern, einem hydraulischen System und einer Kontrollschalttafel. Die hier gezeigte Anlage kann acht Autos auf einmal innerhalb von 2½ Minuten zu einem 3,5 t schweren Würfel zusammendrücken. Der Hauptzylinder bringt 2000 t Kraft auf, der Preßzylinder bis zu 1600 t. Diese enormen Kräfte werden durch Öldruck erzielt.

Wie kann man mit Radar die Position eines Flugzeugs ermitteln?

Antwort Radargeräte senden und empfangen Radiowellen, die unsichtbar sind. Trifft die Radiowelle einer Radarantenne auf ein Flugzeug, wird sie zur Antenne zurückgeworfen. Mit Hilfe der Radiowelle kann das Radargerät die Position des Flugzeugs berechnen; es zeigt sie dann auf dem Radarschirm an.

▲ Eine Flughafen-Radarantenne dreht sich.

▲ **Flugkontrolle.** Der Radarschirm zeigt, wo das Flugzeug ist.

Verschiedene Arten von Radaranlagen werden zu unterschiedlichen Zwecken eingesetzt

Radargeräte können mehr als nur Flugzeuge ausfindig machen. Sie können auch Schiffe orten und feststellen, wo sich Wirbelstürme und Unwetter bilden. Radaranlagen zur Wetterbeobachtung liegen meist auf einem Berg, können aber auch auf Schiffen oder in Flugzeugen untergebracht sein.

▲ Wetterstationen liegen oft auf einem Berg.

▲ Die Radaranlage ist im Bug.

▲ **Ein Wetterschiff.** Die Radaranlage ist auf der Brücke.

● Für die Eltern

Radargeräte werden zum Orten von Flugzeugen, Schiffen und anderen Objekten eingesetzt. Sie senden Mikrowellen aus, eine Art Radiowellen, die sich mit konstanter Geschwindigkeit geradlinig vorwärts bewegen. Eine Radaranlage besteht aus einer Antenne, einem Sender, einem Empfänger und einem mit Kathodenstrahlen arbeitenden Radarschirm. Die von der Antenne ausgesendeten Wellen werden, sobald sie auf ein Hindernis treffen, zurückgeworfen und von ihr wieder aufgefangen. Die Lage eines Objekts läßt sich berechnen, indem man die Richtung, in die die Welle gesendet wurde, und die Zeit, die sie für ihre Rückkehr benötigt hat, zueinander in Beziehung setzt. Radarbilder von Schiffen und Wetterstationen können wie Karten verwendet werden.

Steht ein Wettersatellit wirklich still?

Antwort

Wettersatelliten haben ihren Standort direkt über dem Äquator. Sie fliegen mit genau der Geschwindigkeit durch den Weltraum, die der Umdrehung der Erde entspricht. Und da sie sich mit ihr drehen, scheinen sie stillzustehen – immer an derselben Stelle über der Erde.

Stationäres Satellitensystem

Stationäre Satelliten befinden sich 36 000 Kilometer über dem Äquator und bewegen sich in einer festen Umlaufbahn um die Erde.

Für die Eltern

Wettersatelliten sind in 36 000 Kilometer Höhe über dem Äquator stationiert. Sie fliegen mit der gleichen Geschwindigkeit, mit der die Erde sich dreht, von Westen nach Osten durch den Weltraum. Könnte man sie von der Erde aus sehen, hätte man den Eindruck, daß sie stillstehen. Die Satelliten rotieren mit etwa 100 Umdrehungen pro Minute, damit sie ihre Lagestabilität aufrechterhalten. Mit einer Kamera, Reflektometer genannt, beobachten sie Wolkenbewegungen, Meerestemperatur und andere Faktoren, die das Wetter beeinflussen. Wettersatelliten werden von Solarzellen mit Energie versorgt.

Was genau macht ein Wettersatellit eigentlich?

Wettersatelliten beobachten die Verteilung, Höhe und Bewegung der Wolken, die Meerestemperatur und andere Dinge, die das Wetter beeinflussen. Diese Informationen senden sie als Radiosignale an das Wetteramt. Sie empfangen auch Informationen von Schiffen und Bojen, die auf dem Meer schwimmen, und senden sie zur Erde zurück.

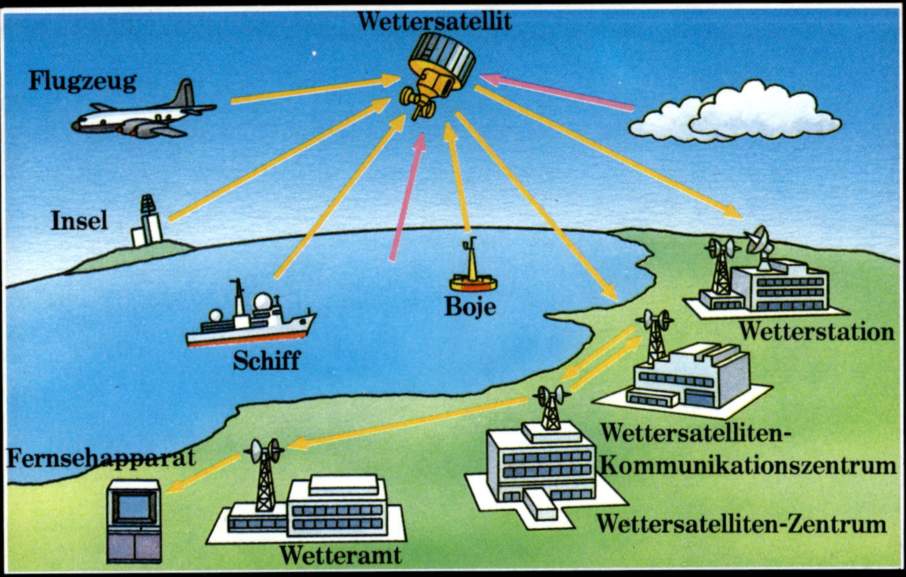

Wolken, von einem Wettersatelliten aus gesehen

Ein Taifun, von einem Wettersatelliten fotografiert

Warum werden Staudämme gebaut?

Antwort 1

Die meisten Staudämme werden gebaut, um Elektrizität zu erzeugen. Diese entsteht, wenn ablaufendes Wasser über eine Turbine im Damm fließt und dadurch einen Generator antreibt.

▲ **Der Generator eines Staudamms**

Die Turbinenschaufeln liegen darunter.

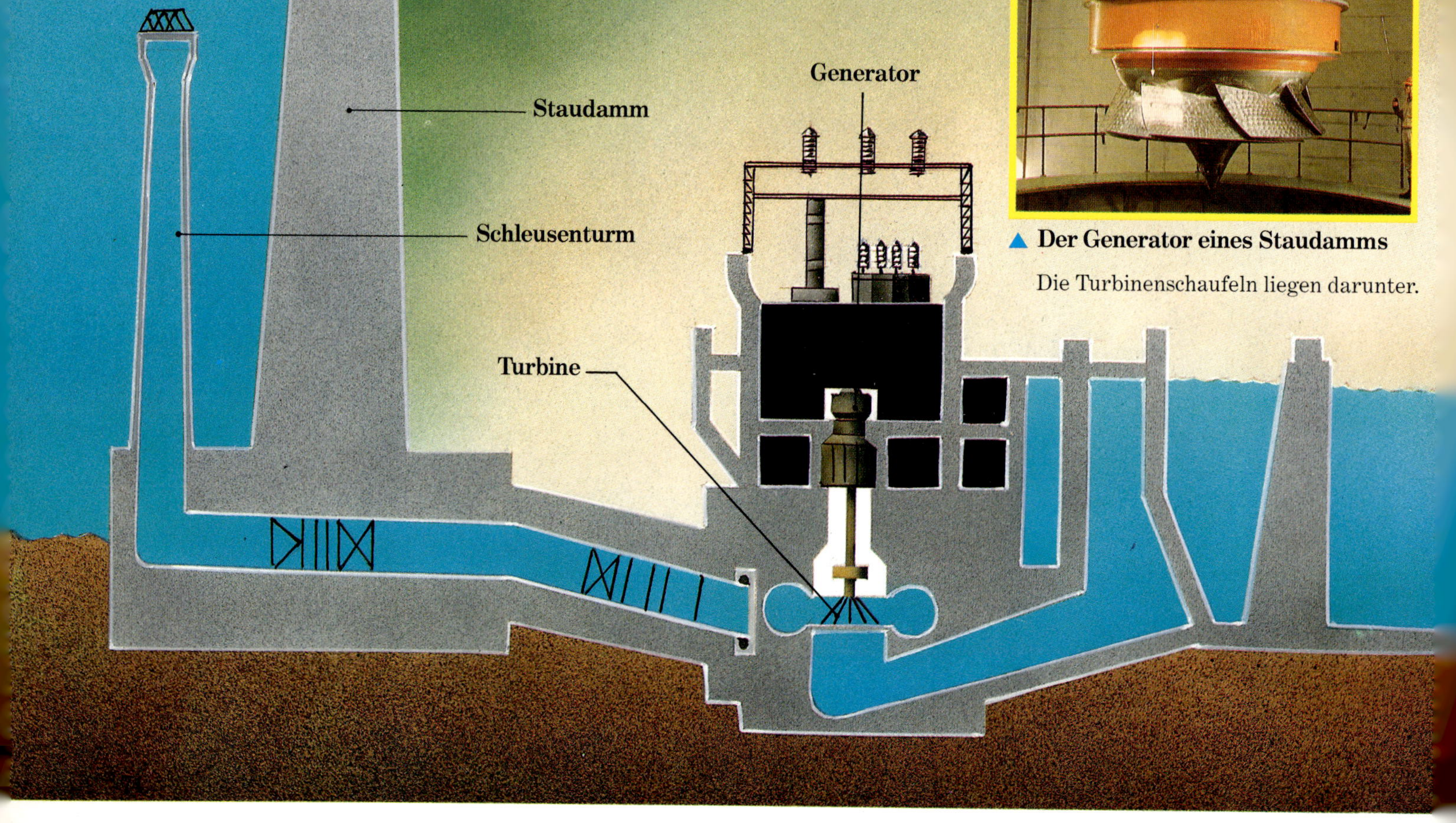

Antwort 2 Staudämme werden auch gebaut, um Überschwemmungen zu verhindern. Heftiger Regen kann dazu führen, daß ein Fluß über seine Ufer tritt. Damit das nicht passiert, werden Dämme gebaut, in denen Wasser gestaut und nach und nach abgelassen wird.

Antwort 3 Dämme werden auch gebaut, um Trinkwasser zu speichern. Das Wasser wird in einem Becken gestaut. Das Wasser wird zu einem Wasserwerk geleitet und kommt von dort in die Orte und in die einzelnen Häuser.

• Für die Eltern

Ein Staudamm ist eine Sperre, hinter der sich fließendes Wasser staut. Es gibt Dämme zur Kontrolle von Überschwemmungen, für die Stromerzeugung, für die Bewässerung und die Trinkwasserversorgung. Manche Dämme vereinigen all diese Zwecke in sich. Dämme für die Stromerzeugung sind hoch, da sie mit der Kraft des herabstürzenden Wassers arbeiten, die die Turbinen antreibt.

Wie mißt man die Stärke von Erdbeben?

Antwort

Man benutzt dazu ein Gerät, das Seismograf heißt. Ein Stift, der eine sich drehende Walze berührt, ist mit einem freihängenden Gewicht verbunden. Bei einem Erdbeben wird die Walze erschüttert, und der Stift zeichnet dies auf der Walze auf.

Ein Horizontalseismograf

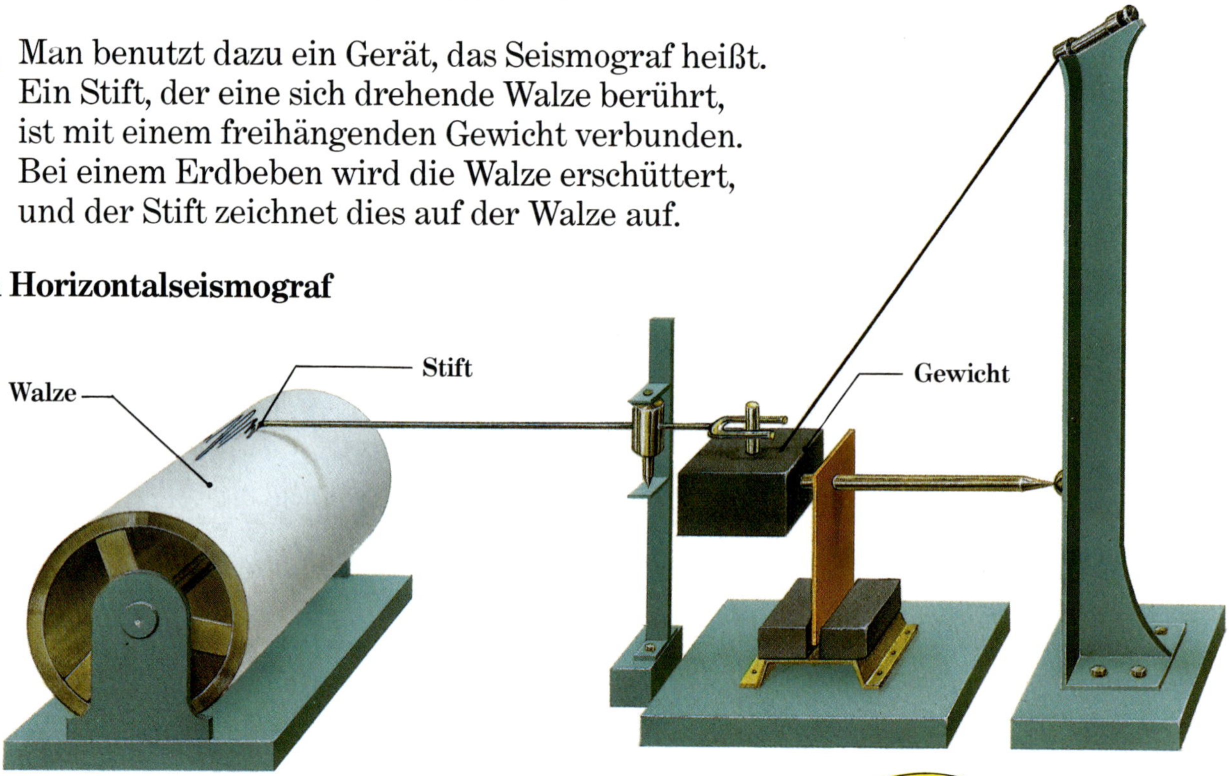

Das Prinzip des Seismografen

Bei einem Erdbeben bewegen sich Dinge, die auf der Erde stehen, sehr stark. Dinge, die in der Luft hängen, bewegen sich dagegen kaum. Deshalb bewegen sich das aufgehängte Gewicht in einem Seismografen und der damit verbundene Stift so gut wie nicht.

Wenn das Brett nach links oder rechts schwingt, bleibt das Gewicht ruhig.

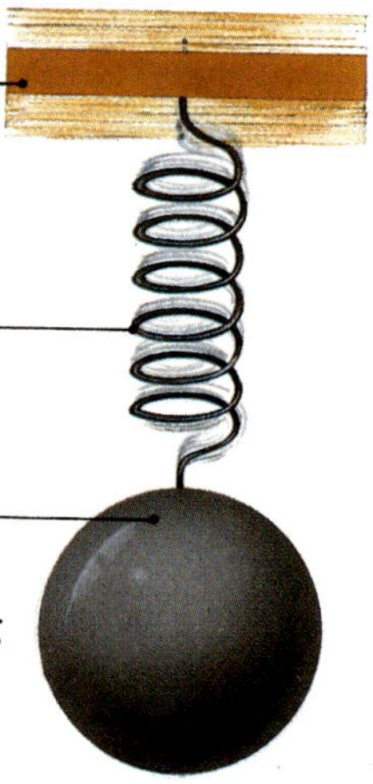

Selbst wenn sich das Brett auf und ab bewegt, bleibt das Gewicht ruhig.

Versuch's mal

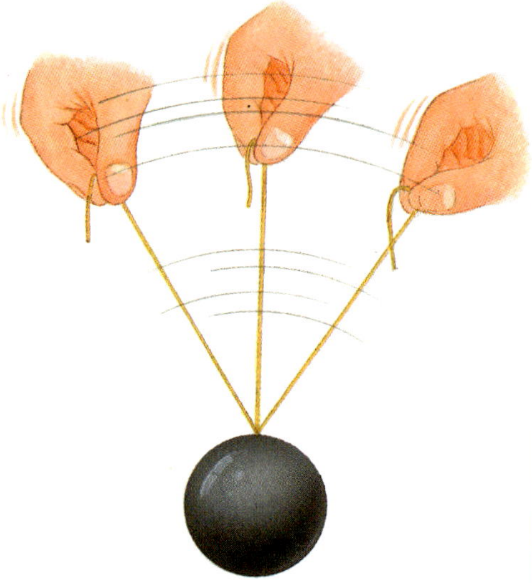

Befestige ein schweres Gewicht an einem Band. Bewege das Band sehr schnell hin und her. Du wirst sehen, daß das Gewicht bleibt, wo es ist. Es macht die Bewegung nicht mit.

Wie sich die Erdbebenwellen fortsetzen

Der Entstehungsort eines Erdbebens wird als seismisches Zentrum bezeichnet. Die Stelle an der Erdoberfläche direkt über dem seismischen Zentrum ist das Epizentrum. Die Kraft, die das Erdbeben entwickelt, wird schwächer, je weiter sich das Erdbeben vom seismischen Zentrum entfernt.

Mino-Info

Bei einem Erdbeben sollte man nicht vor lauter Schreck nach draußen rennen. Man sollte ruhig bleiben und sich unter einem Tisch verkriechen.

Für die Eltern

Wird ein Seismograf, der mit einem aufgehängten Gewicht und einer Walze ausgestattet ist, durch ein Erdbeben erschüttert, bewegt sich das Gewicht nicht. Dies beruht auf dem Trägheitsgesetz, wonach ein Körper, der sich nicht bewegt, dazu tendiert, in dieser Lage zu verharren. Normalerweise besteht ein Seismograf aus zwei Elementen, eines zum Aufzeichnen horizontaler Bewegungen in Ost-West- bzw. in Nord-Süd-Richtung und eines zum Aufzeichnen vertikaler Bewegungen. Vor kurzem wurde ein magnetischer Seismograf entwickelt. Erdbeben erzeugen vertikale und horizontale Wellen, wobei die vertikalen sich schneller fortsetzen als die horizontalen. Daher verspürt man auch zunächst nur eine kleine Erschütterung, der dann eine größere folgt.

Welche Dinge siehst du hier?

Tanker

Ein Tanker ist ein Schiff für flüssige Ladungen. Er ist innen mit großen Tanks ausgestattet; darum wird er Tanker genannt. Öl ist eine der Flüssigkeiten, die ein Tanker befördert.

Luftschiff

Luftschiffe sind mit einem Gas namens Helium gefüllt. Da Helium leichter ist als Luft, kann das Luftschiff fliegen. Und da es einen Propeller und einen Motor hat, kann es sich aus eigenem Antrieb vorwärtsbewegen.

Leuchtturm

Ein Leuchtturm ist ein hohes Gebäude, das in Küstennähe steht. Bei Nacht strahlt er ein starkes Licht aus. Da er weithin sichtbar ist, können die Schiffe feststellen, wo sie sich befinden.

Staudamm

Ein Grund für den Bau von Dämmen ist die Erzeugung von Elektrizität. Sie wird von den Generatoren im Innern produziert, wenn das Wasser durch den Damm strömt. Dämme verhindern auch Überschwemmungen. Hinter diesem Damm hat sich ein riesiger See aufgestaut.

Gasspeichertanks

In diesen Tanks wird das Gas gespeichert, das wir zum Kochen und Heizen benötigen. Weil bei Nacht und im Sommer weniger Gas verbraucht wird, wird das, was übrig ist, hier gespeichert. Auch Fabriken werden aus diesen Tanks versorgt. Das Gas in den Tanks steht unter Druck.

Hochspannungsleitungen

Täglich benutzen wir elektrischen Strom. Er verläßt das Elektrizitätswerk, wo er erzeugt wird, über Hochspannungsleitungen wie die hier gezeigten. Bevor der Strom über kleinere Leitungen in die Haushalte fließen kann, muß seine Spannung gesenkt werden.

• Für die Eltern

Tankschiffe für Öl werden als unreine Tanker, solche für Benzin als reine Tanker bezeichnet. Luftschiffe werden heutzutage nur noch mit dem Edelgas Helium gefüllt. Leuchttürme werden nach der Größe ihrer Linse, nicht nach der Stärke ihres Lichts klassifiziert. Dämme zur Erzeugung von Elektrizität gibt es erst seit etwa 1900. Gastanks speichern ein Gemisch aus in Fabriken gewonnenem Gas. Die Stromspannung in den Hochspannungsleitungen ist unterschiedlich, im allgemeinen jedoch zwischen 20 000 und 220 000 Volt.

Und was siehst du hier?

Radioteleskop

Ein Radioteleskop empfängt elektrische Wellen, die von den Sternen ausgesandt werden. Wie du auf dem Foto erkennst, sind für einen genauen Empfang mindestens zwei Antennen nötig.

Space Shuttle

Ein Space Shuttle ist eine Raumfähre, die zwischen der Erde und dem Weltall verkehrt. An Bord der Raumfähre können Wissenschaftler im Weltall Beobachtungen machen und Experimente durchführen. Ein Space Shuttle wird auch eingesetzt, um Satelliten in eine Erdumlaufbahn zu bringen.

Sonnenuhr

Eine Sonnenuhr erfüllt ihren Zweck, solange die Sonne scheint. Der Schatten, den der Zeiger wirft, zeigt die Uhrzeit an; er wandert mit der Sonne weiter. Lange vor Erfindung der Sonnenuhr lasen die Menschen die Uhrzeit an den Schatten von Bäumen und Felsen ab.

• Für die Eltern

Ein Radioteleskop ist gewöhnlich mit Parabolantennen ausgerüstet, deren Oberfläche aus sehr dünnem Blech oder einem feinen Metallgeflecht besteht. Ein Space Shuttle kann mehrmals eingesetzt werden; im Weltraum kann es Wissenschaftlern als Labor für die Durchführung von wissenschaftlichen Experimenten dienen. Seit 3000 v. Chr. bereits wird die Uhrzeit mit Hilfe von Schatten ermittelt. Die älteste heute bekannte Sonnenuhr wurde etwa im 8. Jahrhundert v. Chr. in Ägypten konstruiert.

Mitwachsendes Album

Wie funktionieren sie? 82
Was machen sie?.. 84
Wie werden sie angetrieben?................................ 86

Wie funktionieren sie?

Hier sind fünf Gegenstände bzw. Maschinen, die du vielleicht von zu Hause kennst. Stelle fest, wo sie benutzt werden, und überlege, wie sie funktionieren. Erinnerst du dich?

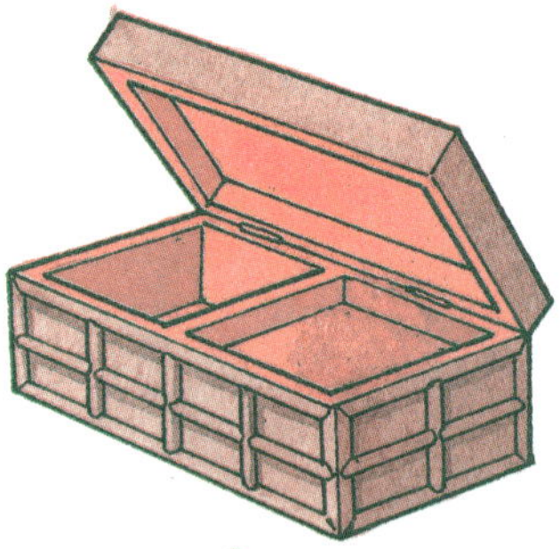

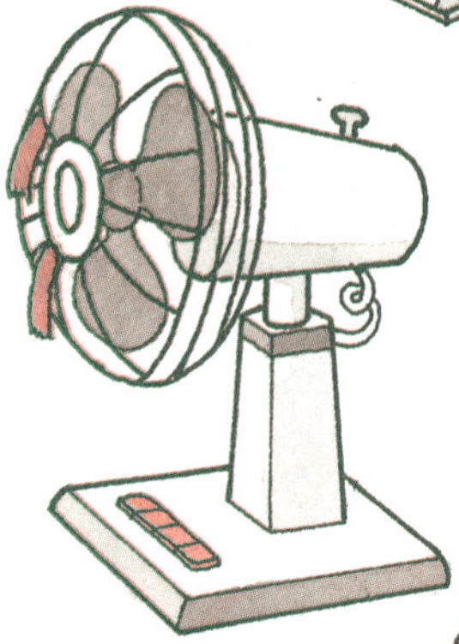

Was machen sie?

All die Fahrzeuge und Gegenstände, die du in dieser Stadt siehst, haben eine bestimmte Aufgabe.

Denke darüber nach

Sieh dir die sechs Fahrzeuge bzw. sonstigen Gegenstände rechts an. Sie alle erfüllen im Leben der Stadt einen bestimmten Zweck. Denke gut darüber nach und entscheide dann, was sie tun. Hat sich eines der Dinge schon einmal für dich als nützlich erwiesen?

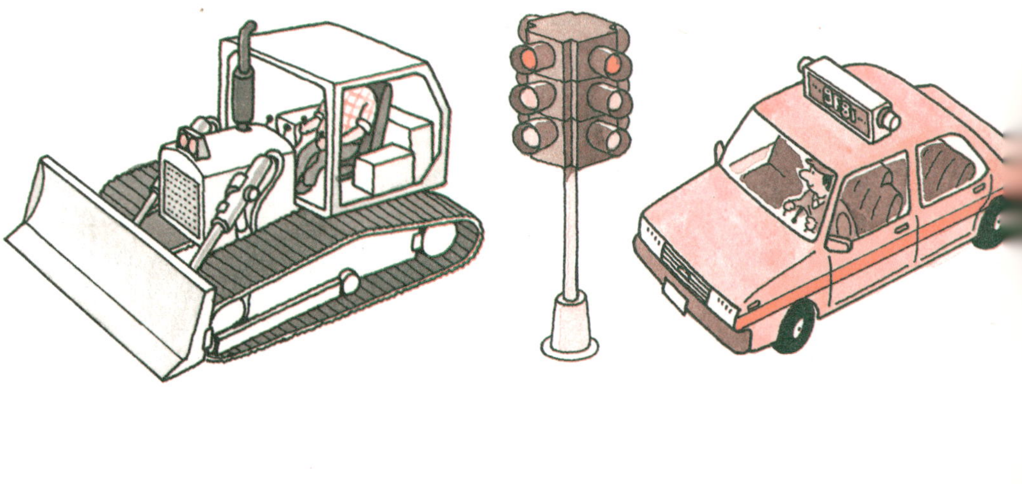

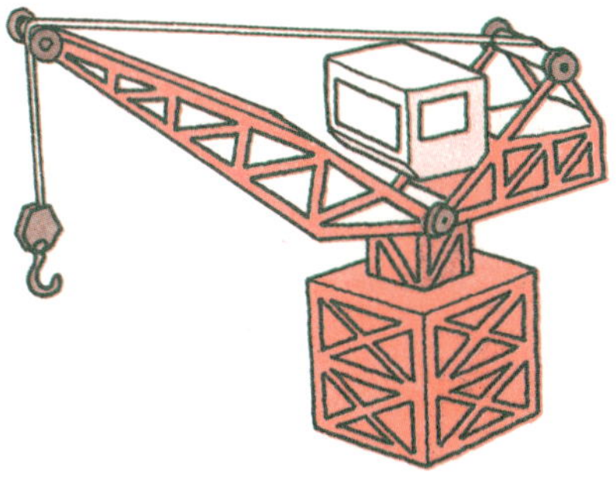

Wie werden sie angetrieben?

Jedes dieser Dinge muß angetrieben werden, damit es funktioniert. Wie du weißt, gibt es mehrere Möglichkeiten.

Denke darüber nach

Die oben gezeigten Gegenstände müssen alle auf irgendeine Weise angetrieben werden. Die Abbildungen rechts rufen dir fünf verschiedene Möglichkeiten ins Gedächtnis. Überlege, womit welcher Gegenstand angetrieben wird.

Öl und Benzin

Elektrischer Strom

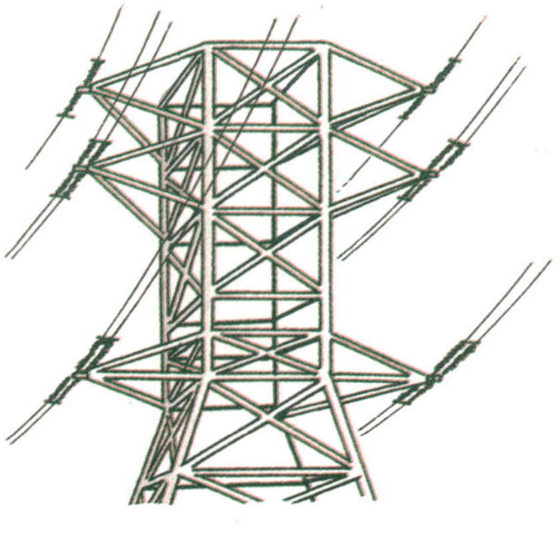

Batterien

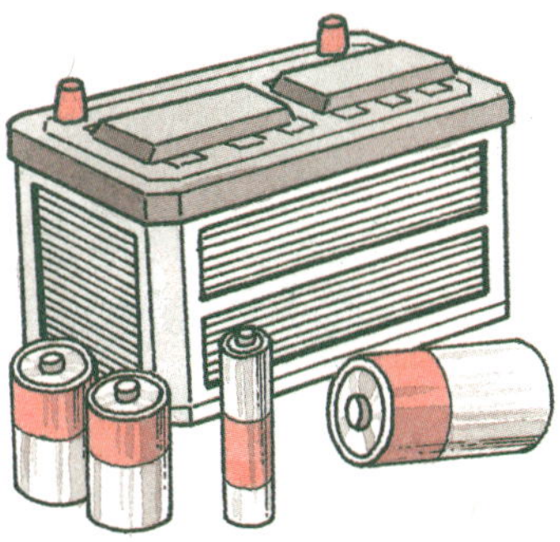

Sonnenlicht und Hitze

Wind

Öl: 1, 4, 5, 6, 14 Elektrizität: 2, 7, 9 Batterie: 10, 13
Sonnenlicht: 8, 12 Wind: 3, 11

Kinder entdecken ...

Die Welt der Technik

Fourth German printing 1990.

ISBN 90-6182-822-8

Reprosatz: Utesch Satztechnik GmbH, Hamburg
Druck: GEA, Mailand, Italien
Einband: GEP, Cremona, Italien

Redaktionelle Bearbeitung:
International Editorial Services Inc.,
Tokio, Japan

Redaktion: C. E. Berry
Text: Winston S. Priest, Linda Angst, Steve McClure

Redaktionelle Beratung der Reihe: Andy Gutelle

Deutsche Ausgabe
Leitung der Redaktion: Marianne Tölle
Textredaktion: Dr. Heike Renwrantz

Aus dem Englischen übertragen
von Katharina Jens

TIME LIFE KINDER-BIBLIOTHEK

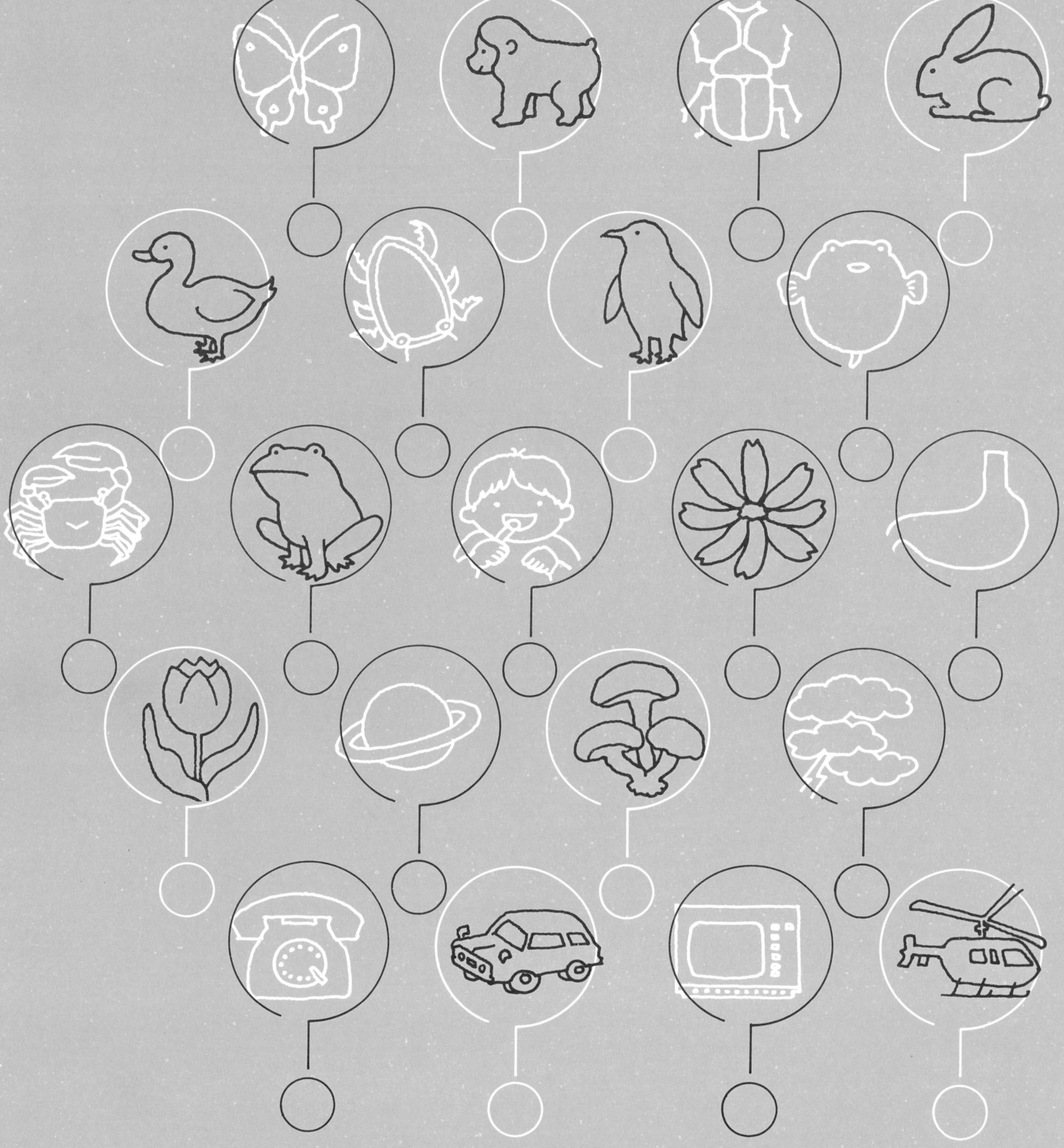